调控一体化风险防控及运行

廖威　彭文英　著

中国水利水电出版社
www.waterpub.com.cn
·北京·

内 容 提 要

本书以地区电网电力调控一体化风险防控、信号处理、运行操作为研究对象，结合南方电网调控一体化试点单位建设经验，分析了调控一体化工作风险，制定了防控措施。全书共六章，包括电网风险管控、调控一体化模式下的风险预控、检修申请单执行、设备顺序控制、电网调度相关事件案例分析、电网调度监控员培训与考核。

本书可供电力调度控制中心专业技术人员阅读，也可作为高等院校电气工程及自动化专业师生的教材和参考书。

图书在版编目（CIP）数据

调控一体化风险防控及运行 / 廖威，彭文英著. -- 北京 : 中国水利水电出版社，2019.9
ISBN 978-7-5170-8331-3

Ⅰ. ①调… Ⅱ. ①廖… ②彭… Ⅲ. ①电力系统调度—风险管理 Ⅳ. ①TM73

中国版本图书馆CIP数据核字(2020)第036787号

书　　名	调控一体化风险防控及运行 DIAO-KONG YITIHUA FENGXIAN FANGKONG JI YUNXING
作　　者	廖　威　彭文英　著
出版发行	中国水利水电出版社 （北京市海淀区玉渊潭南路1号D座　100038） 网址：www.waterpub.com.cn E-mail：sales@waterpub.com.cn 电话：（010）68367658（营销中心）
经　　售	北京科水图书销售中心（零售） 电话：（010）88383994、63202643、68545874 全国各地新华书店和相关出版物销售网点
排　　版	中国水利水电出版社微机排版中心
印　　刷	北京瑞斯通印务发展有限公司
规　　格	184mm×260mm　16开本　7.75印张　131千字
版　　次	2019年9月第1版　2019年9月第1次印刷
印　　数	0001—1000册
定　　价	**55.00**元

前言

FOREWORD

随着调控一体化工作的不断深入推进，调度、监视、控制业务深度融合，电力调度控制中心业务量日益增加，面临的安全生产压力越来越大。在此背景下，如何适应调控一体化运行管理模式的变革，规范调度、监视、控制业务的运行管理，有效防控调控一体化改革后面临的安全生产风险，全面提升调监控运行管理水平和智能化水平，显得尤其重要。

本书根据国家及电力行业相关法规、规程、标准以及中国南方电网有限责任公司、云南电网有限责任公司相关企业标准，结合云南省各地市供电局调控一体化运行风险以及实际业务进行归纳和总结，内容包括电网风险管控、调控一体化模式下的风险预控、检修申请单执行、设备顺序控制、电网调度相关事件案例分析、电网调度监控员培训与考核。本书相关内容经过实际工作检验，具有较强的针对性和实用性，是一本实用的调控一体化风险防控及运行书籍，可为从事电网调监控运行工作的专业技术人员提供参考和借鉴。

本书由云南电网有限责任公司玉溪供电局、保山供电局电力调度控制中心专业技术人员共同编写。由于笔者水平和能力有限，加之编写时间仓促，书中难免有错和不妥之处，敬请读者和相关专业技术人员批评指正。

作者

2019年8月

目录

CONTENTS

第一章 电网风险管控

电网风险管控的核心是应用“基于风险、系统化、规范化、持续改进”的风险体系思想以及“找出危害、评估风险、订出方法、执行措施、监测监察”的五个步骤，通过科学严谨的过程控制和PDCA循环的管理模式，培养员工按标准做事的良好行为习惯，形成安全生产的自我检测、自我改进和自我完善的管理机制，实现风险的动态管理，切实做到将事故关口前移，做到事故的可控、在控、预控。

第一节 术语定义

（1）电网风险：指电网运行安全的不确定性，即可能影响电网运行安全的因素、事件或状态发生的概率及后果的组合。

（2）基准风险：电网正常方式和正常情况下在较长时期内存在的风险。

（3）基于问题的风险：系统试验、设备检修、设备异常等非正常方式或特定情况下一定时期内存在的风险。

（4）电网风险管理：通过危害辨识与风险评估，对识别的电网风险采取科学有效的措施加以控制或化解，实现电网安全稳定运行的管理行为。

（5）电网风险因素监测：在电网正常运行过程中，各部门和单位按职责监测可能引发电网风险的事件或预警信息，并及时报告电网风险管理部门的过程。

（6）电网安全危害辨识：按照一定标准，结合电网运行特点，对潜在的或固有的影响电网运行安全的危害因素和危害事件进行系统和科学的分析、归纳与鉴别的过程。

（7）风险评估：在危害辨识的基础上，分析各种危害因素发生的概率、可能性以及对电网安全和供电的影响程度，确定风险等级的过程。

（8）基准风险评估：对企业生产过程中面临的危害和风险进行基本的、

全面的识别和评估。

(9) 基于问题的风险评估：对生产过程中出现的高风险对象或突出问题，进行有针对性的专项风险评估。

(10) 持续的风险评估：对企业风险进行动态的识别和评估。

(11) 风险控制：根据安全生产的目标和宗旨，在危害辨识和电网风险评估的基础上，选择最优的控制方案，降低风险发生概率和减轻风险危害的过程。

(12) 安全生产风险“四分管控”：安全生产风险实行分类、分级、分层、分专业的评估、控制和管理。

1) 分类：安全生产风险划分为人身风险、电网风险、设备风险、环境风险、职业健康风险、社会影响风险。其中，社会影响风险为上述中其他类别风险所衍生的风险。对不能明确分类或者分类未能达成一致意见的风险，由安全监管部报公司领导确定。

2) 分级：安全生产风险划分为“特高、高、中、低、可接受”五个等级。除“可接受”等级外，其他等级风险皆称为不可接受风险。

3) 分层：安全生产风险按“网公司、分/子公司、生产单位、部门/车间、班组”五个层次管理。

4) 分专业：根据风险类别，按“谁主管、谁负责”的原则，明确风险的专业归口管理部门。

(13) “5W1H”：做什么（What）、为什么要做（Why）、何时做（When）、由谁做（Who）、在哪里做（Where）、怎么做（How）。

第二节 风险评估基本方法

(1) 风险评估应分析风险的危害（损失）和风险发生的可能性（概率），综合评估风险的大小，确定风险的等级。

(2) 电网风险值取为各种潜在危害与可能性分值之乘积的最大值，即

电网风险值＝max(风险危害值×风险概率值)

(3) 电网风险评估应充分考虑可能导致的电网危害后果，以及设备风险、作业风险、操作风险、信息阻塞风险等问题可能导致的电网危害后果。

(4) 电网风险评估的对象和电网风险可能的危害范围。

（5）根据电网风险值（V）的大小，电网风险分为六级，Ⅰ级风险（红色）、Ⅱ级风险（橙色）、Ⅲ级风险（黄色）、Ⅳ级风险（蓝色）、Ⅴ级风险（白色）、Ⅵ级风险。

Ⅰ级风险（红色）：$V \geqslant 1500$

Ⅱ级风险（橙色）：$800 \leqslant V < 1500$

Ⅲ级风险（黄色）：$120 \leqslant V < 800$

Ⅳ级风险（蓝色）：$20 \leqslant V < 120$

Ⅴ级风险（白色）：$5 \leqslant V < 20$

Ⅵ级风险：$0 \leqslant V < 5$

（6）某一区域电网或一项工作同时引发两个及以上等级的电网运行风险时，风险评估结果取其最高等级风险。

（7）电网危害辨识。危害辨识应分析查找可能引发电网安全风险的危害因素和危害事件。

（8）电网危害因素是指影响电力系统安全稳定性和供电可靠性的特定条件，强调在一定时间范围内的积累作用。电网危害因素包括外部因素和内部因素。

1）外部因素包括：①地域特性影响；②自然灾害和恶劣气候影响；③污秽（污闪）、山火等影响；④外力破坏影响；⑤其他。

2）内部因素包括：①系统规划、设计的标准是否满足要求；②电网结构和电源分布的合理性；③负荷分布及负荷特性的影响；④无功补偿与无功平衡的影响；⑤设备选型、配置标准及健康水平的影响；⑥继电保护与安全自动装置的配置及运行状况的影响；⑦运行方式的影响；⑧系统试验、设备检修、工程施工及新设备启动等工作的影响；⑨人员行为和技术素质的影响；⑩电厂及重要用户的影响；⑪其他。

（9）电网危害事件是指导致电网危害因素转化为风险后果的突发事件，强调突发性和瞬间作用。

（10）电网危害事件一般考虑《电力系统安全稳定导则》规定应防范的电网第一级、第二级电网故障，这些故障包括以下几种：

1）任何线路单相瞬时接地故障重合成功。

2）同级电压的双回线或多回线和环网，任一回线单相永久故障重合不成功及无故障三相断开不重合。

3）同级电压的双回线或多回线和环网，任一回线三相故障断开不重合。

4）任一发电机跳闸或失磁。

5）受端系统任一台变压器故障退出运行。

6）任一大负荷突然变化。

7）任一回交流联络线故障或无故障断开不重合。

8）直流输电线路单极故障。

9）单回线单相永久性故障重合不成功及无故障三相断开不重合。

10）任意一段母线故障。

11）同杆并架双回线的异名两相同时发生单相接地故障重合不成功，双回线三相同时跳开。

12）单回直流输电系统双极故障。

（11）电网危害事件还应考虑防范发生的可能性较大的N－2及以上非常规故障，这些故障包括：

1）现场工作可能导致的两个及以上元件同时或相继跳闸。

2）恶劣气候（雷暴、台风等）和特殊环境（山火影响区域等）下可能发生的两个及以上元件同时或相继跳闸。

3）故障时开关拒动。

4）控制保护、安全稳定控制、通信自动化等二次系统异常导致可能发生的其他非常规故障。

（12）进行电网基准风险评估和基于问题的风险评估时，均应充分考虑《电力系统安全稳定导则》规定应防范的电网第一级、第二级的电网故障。

（13）N－2及以上非常规故障按下述原则予以考虑：

1）评估基准风险时，应充分考虑可能同时发生的N－2及以上非常规故障组合。如：系统任一点发生短路故障时，有关开关或保护拒动；走廊相近的多回输电线路同时或相继故障跳闸。

2）评估基于问题的风险时，应考虑受已知因素影响导致的发生概率显著增大的N－2及以上非常规故障组合。如：对于已暴露缺陷的开关，应考虑开关不正确动作；对于线路走廊附近存在山火、恶劣天气或施工等异常因素，需考虑走廊范围内多回输电线路的同时或相继跳闸。

第三节 系统运行风险管理

（1）系统运行安全风险管理的目的是应用规范、动态、系统的方法识别及评估电网运行过程中的风险，制定和落实风险控制措施，实现风险的超前控制，提高电网安全稳定运行水平。

（2）按照业务分类，系统运行风险管理的内容主要包括组织开展电网运行风险的辨识、评估、预警、监控、回顾等环节工作，实现风险的超前控制与闭环管理，降低系统运行风险和事故发生概率，防范和化解系统运行风险。

（3）各部门和单位应按职责密切监测可能引发电网风险的事件，评估事件发生概率，并书面通知相关调度机构。生产技术管理部门负责组织一次设备风险因素的监测，市场营销部门负责组织用户侧风险因素的监测，基建部门负责组织现场施工风险因素的监测，系统运行部门负责电网实时运行情况、水情及燃料、二次系统风险因素的监测。

（4）系统运行部根据风险因素监测结果，进行电网风险辨识，确定风险因素可能造成的电网故障或异常。风险评估应根据风险的危害（损失）和风险发生的可能性（概率），综合评估风险的大小，确定风险的等级。

（5）电网运行风险预警由调度机构组织提前发布，明确风险情况、风险控制措施、风险解除时间和条件等。风险延期需发布相关延期预警通知。风险预警发布后，如因设备或电网运行工况等导致风险发生变化，应重新评估和发布风险预警。

（6）风险预警应发布至引发风险的单位、风险可能影响的单位、需采取措施防范风险的单位及安监、设备、基建、市场等部门。对影响较大的风险，还需报送相应政府部门，并提前制定新闻应答口径，根据事态发展形势，适时对媒体发布信息。

（7）相关部门和单位按照职责范围负责相应风险控制措施的落实，并及时将措施落实情况反馈调度机构。

（8）对于特别重大的电网风险，安监、设备、基建、市场等部门要组织细化并落实风险防控方案，必要时应派专人到现场指导和监督风险控制措施的落实情况。

（9）各级调度机构、安全监察等部门应对风险防控措施的落实情况进行监督、评价和考核。定期对风险评估的合理性、风险控制措施的落实情况和效果进行分析，持续改进和提升风险管理水平。

第四节 电网风险管控案例

某地区6座220kV变电站（呈链式结构）及110kV及以下电网经220kV AB线并省网运行，220kV CD线（全线同塔）为系统断点，现需将220kV AB线停电检修，该地区电网经220kV CD线并省网运行，达到Ⅲ级电网风险，若220kV CD线发生N－2跳闸，将造成该地区大面积停电，存在重大电力安全事故的风险。

为有效防范电网风险，确保检修期间电网运行安全，该供电局结合地方电网的特点，构建了“政府协调、部门协同、厂网协作、用户参与、调度统筹”的五方联动机制，各单位、部门、专业各司其职，密切配合，制定了序列管控方案，细化“事前、事中、事后”各项措施并具体到人，按照PDCA的管控思路，确保各项措施得到有效落实和管控。具体做法如下：

（1）调度机构结合停电检修计划，组织编制并签发电网风险预警通知书，明确电网运行方式安排及各项保障措施。

（2）调度机构形成电网风险管控报告报政府相关职能管理部门。

（3）安监部门结合电网停电检修可能导致大面积停电的应急处置要求报当地政府应急办。

（4）调度机构统筹组织各单位、部门分别编制并形成“1＋5＋1”方案，即1个电网运行总体管控方案、5个专项方案（系统运行管控方案、设备管控方案、现场作业管控方案、用电客户风险防控方案、安全监督方案）和1个应急处置预案。

（5）供电单位主要领导参与，调度机构组织各单位、部门、专业共同对“1＋5＋1”方案进行审核及会商，确保“1＋5＋1”方案措施具体、责任明确，具有可操作性和可执行性，并组织抓好措施落实。

（6）事前，调度机构方式专业组织人员对各单位、部门、专业各项风险管控措施的落实情况进行检查和验证，确保各项管控措施已执行到位。

（7）事中，各单位、部门、专业按照“1＋5＋1”方案组织抓好各项措施落实，做好各项应急准备工作及信息汇报工作。

（8）事后，即风险预警解除后5个工作日之内，各单位、部门、专业对照电网风险预警通知书以及“1＋5＋1”方案，对电网风险管控情况进行总结和分析并报调度机构备案。

（9）每季度调度机构结合电网风险预警通知书、电网风险管控措施落实情况进行总结回顾并通报，对电网风险管控执行不力、管控措施落实不到位的单位、部门提出考核意见并报主要领导。

第二章 调控一体化模式下的风险预控

第一节 风险分析与预控

监控远方遥控操作目前已成为倒闸操作的一种重要方式，分析监控远方遥控操作过程中容易引起误操作的危险环节，掌握正确的操作方法，对防范监控远方遥控操作事故具有重要意义。监控远方遥控操作风险及预控措施见表2－1。

表2－1 监控远方遥控操作风险及预控措施

危险点	可能造成的危害	预控措施
接收操作命令错误	误操作设备	（1）接收调度指令时使用录音电话并做好记录，复诵调度指令应准确清晰； （2）接收调度指令时应明确变电站站名； （3）操作人员（包括监护人）应了解操作目的和操作顺序，对指令有疑问时应向发令人询问清楚无误后执行
填写操作票错误	误操作设备	（1）填写操作票应清楚、整洁，使用规范的调度术语和设备双重名称，操作内容应与调度指令或预令票相符合，不得漏项、多项。 （2）操作票拟定后应提交给操作票审核人检查确认，审核通过后才能作为正式操作票； （3）开始操作前应进行模拟预演
单人单机操作	误操作设备	（1）严格执行操作监护制度； （2）应严格控制调控权限，加强用户名和密码管理，通过技术手段限制单人单机操作，实现双人双机监护功能，确保远方操作监护到位
误入监控画面	误操作设备	（1）严格执行操作唱票、复诵制度； （2）操作时在监控系统主接线图上核对所要操作的变电站名称、设备名称和编号、设备状态； （3）完善主站系统遥控闭锁功能，在主站监控系统对设备遥控功能进行封锁，操作时短时开放待操作设备遥控功能，操作结束后再封锁

续表

危险点	可能造成的危害	预 控 措 施
操作前未检查现场设备是否具备远方操作条件	遥控失败或造成电网设备事故	（1）监控操作开始前应检查设备有无影响遥控操作的因素存在；检查开关是否通过遥控验收，是否在不具备远方操作条件设备清单中；设备间隔有无未确认的信息，有无影响操作的异常缺陷；设备现场有无检修工作，有无人员活动；确认满足远方操作条件后才能向发令调度汇报“可以执行远方遥控操作”； （2）对于不具备远方遥控操作条件的设备，调控中心应在监控主站中对该设备采取挂牌提示，封锁其遥控功能，避免误操作； （3）运维单位应向调控中心提供不具备远方遥控操作条件的设备清单；在清单发生变化时，应即时更新并提交至调控中心
操作后未确认设备操作到位	设备未操作到位	（1）遥控操作后应检查相应的电压、电流、遥信变位以及告警窗信息，开关操作满足两个非同样原理或非同源指示“双确认”条件后，才能确认设备已操作到位； （2）分相操作机构开关应逐步实现三相遥信和遥测采集； （3）对操作结果有疑问时，应通知运维人员到现场检查设备状态
对检修设备进行操作	误伤工作人员或造成设备损坏	（1）设备检修时应在主站系统挂检修指示牌，挂检修牌的设备可实现对遥控、自动控制等操作功能的闭锁； （2）检修设备进行实传验证工作应经过批准，检修开始前应与运维单位做好沟通协调工作，询问现场安全措施是否完备，具备条件后再进行，防止造成人身、设备损害； （3）自动电压控制系统（AVC）控制的变电站电容器、电抗器或变压器分接头不允许进行自动远方遥控操作时，应在AVC系统中闭锁相应设备的远方操作功能
监控系统异常时进行操作	操作失败或无法确认操作结果	（1）监控系统异常影响遥控操作时，应禁止进行监控远方操作； （2）操作时若发生监控系统异常或遥控失灵，应立即停止操作并报告调度员，通知相关人员处理
不具备远方同期合闸操作条件的同期合闸	远方进行并网、合环的遥控操作时，同期条件不满足，造成电网事故	（1）有同期合闸需求的开关必须具备远方同期合闸功能，同期整定值合理，并经过同期遥控试验验证； （2）有同期合闸需求的开关，其同期功能应正常投入； （3）不具备远方同期合闸操作条件的开关仅在充电时使用

续表

危险点	可能造成的危害	预 控 措 施
监控系统遥控配置错误	遥控失败或误控设备	(1) 监控远方操作设备必须经过遥控实传验证；未经过遥控实传的设备应纳入不具备操作条件设备清单； (2) 新（改、扩）建变电站，投运前应对涉及的遥控点进行正确性验证；变电站一次、二次设备检修，可能影响远方遥控功能时，应在检修工作申请中说明，工作结束后，应进行遥控功能验收； (3) 规范监控信息表管理，严格管控监控信息表变更，确保调度主站端和变电站端监控信息表准确无误

第二节 典型监控信息分析判断处置

一、主变压器

(一) 冷却器异常信号

(1) ××主变压器冷却器电源消失。

1) 信息释义：主变压器冷却器装置工作电源或控制电源消失。

2) 原因分析：①装置的电源故障；②二次回路问题误动作；③上级电源消失。

3) 造成后果：主变压器冷却器电源消失，将造成主变压器油温过高，危及主变压器安全运行。

4) 处置原则：监控值班员上报调度，通知运维单位巡维人员，加强运行监控，做好相关操作准备。采取的措施包括：①时刻监视主变压器油温值，必要时汇报调度调整负荷，了解现场处置的基本情况和处置原则；②根据处置方式制定相应的监控措施，及时掌握N-1后设备运行情况。

(2) ××主变压器冷却器故障。

1) 信息释义：反映主变压器冷却器故障。

2) 原因分析：冷却控制的各分支系统（指风扇或油泵输出控制回路）故障；由风控箱内热继电器或电机开关辅助接点启动了告警信号。

3) 造成后果：主变压器油温过高，危及主变压器安全运行。

4）处置原则：监控值班员上报调度，通知运维单位巡维人员，加强运行监控，做好相关操作准备。采取的措施包括：①时刻监视主变压器油温值，必要时汇报调度调整负荷，了解现场处置的基本情况和处置原则；②根据处置方式制定相应的监控措施，及时掌握N-1后设备运行情况。

（3）××主变压器冷却器全停延时出口。

1）信息释义：主变压器冷却器全停后，将延时跳闸（视配置情况选择是否跳闸）。

2）原因分析：①装置的电源故障；②所有冷却装置内部同时故障造成冷却器全停；③主变压器冷却器电源切换试验造成短时间主变压器冷却器全停。

3）造成后果：主变压器油温过高，危及主变压器安全运行。

4）处置原则：同××主变压器冷却器故障的处置原则。

（4）××主变压器冷却器全停告警。

1）信息释义：主变压器冷却器全停后，发告警信号。

2）原因分析：①装置的电源故障；②二次回路问题。

3）造成后果：主变压器油温过高，如果运行时间过长，将危及主变压器安全运行，缩短寿命甚至损坏，造成事故。

4）处置原则：同××主变压器冷却器故障的处置原则。

（二）本体异常信号

（1）××主变压器本体重瓦斯出口。

1）信息释义：反映主变压器本体内部故障。

2）原因分析：①主变压器内部发生严重故障；②二次回路问题误动作；③油枕内胶囊安装不良，造成呼吸器堵塞，油温发生变化后，呼吸器突然冲开，油流冲动造成继电器误动跳闸；④主变压器附近有较强烈的震动；⑤气体继电器误动。

3）造成后果：主变压器跳闸。

4）处置原则：监控值班员核实开关跳闸情况并上报调度，通知运维单位巡维人员，加强运行监控，做好相关操作准备。采取的措施包括：①了解主变压器重瓦斯动作原因，了解现场处置的基本情况和处置原则；②根据处置方式制定相应的监控措施，及时掌握N-1后设备运行情况。

（2）××主变压器本体轻瓦斯告警。

1）信息释义：反映主变压器本体内部异常。

2）原因分析：①主变压器内部发生轻微故障；②因温度下降或漏油使油位下降；③因穿越性短路故障或震动引起；④油枕空气不通畅；⑤直流回路绝缘破坏；⑥气体继电器本身有缺陷等；⑦二次回路误动作。

3）造成后果：发轻瓦斯保护告警信号。

4）处置原则：监控值班员上报调度，通知运维单位巡维人员，加强运行监控，做好相关操作准备。采取的措施包括：①了解主变压器轻瓦斯告警原因，了解现场处置的基本情况和处置原则；②根据处置方式制定相应的监控措施，及时掌握N－1后设备运行情况。

（3）××主变压器本体压力释放告警。

1）信息释义：主变压器本体压力释放阀门启动，当主变压器内部压力值超过设定值时，压力释放阀开始泄压，当压力恢复正常时压力释放阀自动恢复原状态。

2）原因分析：①变压器内部故障；②呼吸系统堵塞；③变压器运行温度过高，内部压力升高；④变压器补充油时操作不当。

3）造成后果：本体压力释放阀喷油。

4）处置原则：监控值班员上报调度，通知运维单位巡维人员，加强运行监控，做好相关操作准备。采取的措施包括：①了解主变压器压力释放告警原因，了解现场处置的基本情况和处置原则；②根据处置方式制定相应的监控措施，及时掌握N－1后设备运行情况。

（4）××主变压器本体压力突变告警。

1）信息释义：监视主变压器本体油流、油压变化，压力变化率超过告警值。

2）原因分析：①变压器内部故障；②呼吸系统堵塞；③油压速动继电器误发。

3）造成后果：有进一步造成气体继电器或压力释放阀动作的危险。

4）处置原则：监控值班员上报调度，通知运维单位巡维人员，加强运行监控，做好相关操作准备。采取的措施包括：①了解主变压器压力突变原因，了解现场处置的基本情况和处置原则；②根据处置方式制定相应的监控措施，及时掌握N－1后设备运行情况。

（5）××主变压器本体油温告警。

1）信息释义：监视主变压器本体油温数值，反映主变压器运行情况。油温高于超温跳闸限值时，非电量保护跳主变压器各侧断路器，现场一般投信号位。

2）原因分析：①变压器内部故障；②主变压器过负荷；③主变压器冷却器故障或异常。

3）造成后果：可能引起主变压器停运。

4）处置原则：监控值班员上报调度，通知运维单位巡维人员，加强运行监控，做好相关操作准备。采取的措施包括：①了解主变压器油温高的原因，了解现场处置的基本情况和处置原则；②根据处置方式制定相应的监控措施，及时掌握 N-1 后设备运行情况。

（6）××主变压器本体油温高告警。

1）信息释义：主变压器本体油温高时发跳闸信号但不作用于跳闸。

2）原因分析：①变压器内部故障；②主变压器过负荷；③主变压器冷却器故障或异常。

3）造成后果：主变压器本体油温高于告警值，影响主变压器绝缘。

4）处置原则：同××主变压器本体油温告警的处置原则。

（7）××主变压器本体油位告警。

1）信息释义：主变压器本体油位偏高或偏低时告警。

2）原因分析：①变压器内部故障；②主变压器过负荷；③主变压器冷却器故障或异常；④变压器漏油造成油位低；⑤环境温度变化造成油位异常。

3）造成后果：主变压器本体油位偏高可能造成油压过高，有导致主变压器本体压力释放阀动作的危险；主变压器本体油位偏低可能影响主变压器绝缘。

4）处置原则：监控值班员上报调度，通知运维单位巡维人员，加强运行监控，做好相关操作准备。采取的措施包括：①了解主变压器油位异常原因，了解现场处置的基本情况和处置原则；②根据处置方式制定相应的监控措施，及时掌握 N-1 后设备运行情况。

（三）有载调压装置异常信号

（1）××主变压器有载重瓦斯出口。

1）信息释义：反映主变压器有载调压装置内部故障。

2）原因分析：①主变压器有载调压装置内部发生严重故障；②二次回路问题误动作；③有载调压油枕内胶囊安装不良，造成呼吸器堵塞，油温发生变化后，呼吸器突然冲开，油流冲动造成继电器误动跳闸；④主变压器附近有较强烈的震动；⑤气体继电器误动。

3）造成后果：主变压器跳闸。

4）处置原则：同××主变压器本体重瓦斯出口的处置原则。

（2）××主变压器有载轻瓦斯告警。

1）信息释义：反映主变压器有载油温、油位升高或降低，气体继电器内有气体等。

2）原因分析：①主变压器有载内部发生轻微故障；②因温度下降或漏油使油位下降；③因穿越性短路故障或地震引起；④油枕空气不通畅；⑤直流回路绝缘破坏；⑥气体继电器本身有缺陷等；⑦二次回路误动作。

3）造成后果：发有载轻瓦斯告警信号。

4）处置原则：同××主变压器本体轻瓦斯告警的处置原则。

（3）××主变压器有载压力释放告警。

1）信息释义：主变压器有载压力释放阀门启动，当主变压器内部压力值超过设定值时，压力释放阀开始泄压，当压力恢复正常时压力释放阀自动恢复原状态。

2）原因分析：①变压器有载内部故障；②呼吸系统堵塞；③变压器运行温度过高，内部压力升高；④变压器补充油时操作不当。

3）造成后果：发现主变压器有载压力释放告警信号，严重时可能引起压力释放阀喷油。

4）处置原则：同××主变压器本体压力释放告警的处置原则。

（4）××主变压器有载油位告警。

1）信息释义：主变压器有载调压油枕油位异常。

2）原因分析：①变压器内部故障；②主变压器过负荷；③主变压器冷却器故障或异常；④变压器漏油造成油位低；⑤环境温度变化造成油位异常。

3）造成后果：主变压器有载油位偏高可能造成油压过高，有导致主变压器有载压力释放阀动作的危险；主变压器有载油位偏低可能影响主变压器绝缘。

4）处置原则：同××主变压器本体油位告警的处置原则。

二、断路器

（一）SF_6 断路器异常信号

（1）××断路器 SF_6 气压低告警。

1）信息释义：监视断路器本体 SF_6 压力数值。由于 SF_6 压力降低，压力（密度）继电器动作。

2）原因分析：①断路器有泄漏点，压力降低到告警值；②压力（密度）继电器损坏；③回路故障；④根据 SF_6 压力温度曲线，温度变化时，SF_6 压力值变化。

3）造成后果：如果 SF_6 压力继续降低，造成断路器分合闸闭锁。

4）处置原则：监控值班员通知运维单位巡维人员，并根据相关运行规程处理。采取的措施包括：①了解 SF_6 压力值，了解现场处置的基本情况和处置原则；②根据处置方式制定相应的监控措施，及时掌握 N－1 后设备运行情况。

（2）××断路器 SF_6 气压低闭锁。

1）信息释义：断路器本体 SF_6 压力数值低于闭锁值，压力（密度）继电器动作。

2）原因分析：①断路器有泄漏点，压力降低到闭锁值；②压力（密度）继电器损坏；③回路故障；④根据 SF_6 压力温度曲线，温度变化时，SF_6 压力值变化。

3）造成后果：①如果断路器分合闸闭锁，此时与本断路器有关设备故障，断路器拒动，失灵保护动作，扩大事故范围；②造成断路器内部故障。

4）处置原则：监控值班员上报调度，通知运维单位巡维人员，加强运行监控，做好相关操作准备。采取的措施包括：①了解 SF_6 压力值，了解现场处置的基本情况和处置原则；②根据处置方式制定相应的监控措施，及时掌握 N－1 后设备运行情况。

（二）液压机构断路器异常信号

（1）××断路器油压低分合闸总闭锁。

1）信息释义：监视断路器操作机构油压值，反映断路器操作机构情况。

由于操作机构油压降低，压力继电器动作，正常应伴有控制回路断线信号。

2）原因分析：①断路器操作机构油压回路有泄漏点，油压降低到分闸闭锁值；②压力继电器损坏；③回路故障；④根据油压温度曲线，温度变化时，油压值变化。

3）造成后果：如果当时与本断路器有关的设备故障，则断路器拒动无法分合闸，失灵保护动作，扩大事故范围。

4）处置原则：监控值班员上报调度，通知运维单位巡维人员，加强运行监控，做好相关操作准备。采取的措施包括：①了解机构压力值，了解现场处置的基本情况和处置原则；②根据处置方式制定相应的监控措施，及时掌握 N－1 后设备运行情况。

（2）××断路器油压低合闸闭锁。

1）信息释义：监视断路器操作机构油压值，反映断路器操作机构情况。由于操作机构油压降低，压力继电器动作。

2）原因分析：①断路器操作机构油压回路有泄漏点，油压降低到合闸闭锁值；②压力继电器损坏；③回路故障；④根据油压温度曲线，温度变化时，油压值变化。

3）造成后果：断路器无法合闸。

4）处置原则：监控值班员上报调度，通知运维单位巡维人员，加强运行监控，做好相关操作准备。采取的措施包括：①了解机构压力值，了解现场处置的基本情况和处置原则；②根据处置方式制定相应的监控措施，及时掌握 N－1 后设备运行情况。

（3）××断路器油压低重合闸闭锁。

1）信息释义：监视断路器操作机构油压值，反映断路器操作机构情况。由于操作机构油压降低，压力继电器动作。

2）原因分析：①断路器操作机构油压回路有泄漏点，油压降低到重合闸闭锁值；②压力继电器损坏；③回路故障；④根据油压温度曲线，温度变化时，油压值变化。

3）造成后果：断路器无法重合闸。

4）处置原则：监控值班员上报调度，通知运维单位巡维人员，加强运行监控，做好相关操作准备。采取的措施包括：①了解机构压力值，了解现场处置的基本情况和处置原则；②根据处置方式制定相应的监控措施，及时掌握 N－1 后设备运行情况。

(4) ××断路器油压低告警。

1) 信息释义：断路器操作机构油压值低于告警值，压力继电器动作。

2) 原因分析：①断路器操作机构油压回路有泄漏点，油压降低到告警值；②压力继电器损坏；③回路故障；④根据油压温度曲线，温度变化时，油压值变化。

3) 造成后果：如果压力继续降低，可能造成断路器重合闸闭锁、合闸闭锁、分闸闭锁。

4) 处置原则：监控值班员上报调度，通知运维单位巡维人员，加强运行监控，做好相关操作准备。采取的措施包括：①了解机构压力值，了解现场处置的基本情况和处置原则；②根据处置方式制定相应的监控措施，及时掌握 N－1 后设备运行情况。

(5) ××断路器 N_2 泄漏告警。

1) 信息释义：断路器操作机构 N_2 压力值低于告警值，压力继电器动作。

2) 原因分析：①断路器操作机构油压回路有泄漏点，N_2 压力降低到告警值；②压力继电器损坏；③回路故障；④根据 N_2 压力温度曲线，温度变化时，N_2 压力值变化。

3) 造成后果：如果压力继续降低，可能造成断路器重合闸闭锁、合闸闭锁、分闸闭锁。

4) 处置原则：监控值班员上报调度，通知运维单位巡维人员，加强运行监控，做好相关操作准备。采取的措施包括：①了解 N_2 压力值，了解现场处置的基本情况和处置原则；②根据处置方式制定相应的监控措施，及时掌握 N－1 后设备运行情况。

(6) ××断路器 N_2 泄漏闭锁。

1) 信息释义：断路器操作机构 N_2 压力值低于闭锁值，压力继电器动作。

2) 原因分析：①断路器操作机构油压回路有泄漏点，N_2 压力降低到闭锁值；②压力继电器损坏；③回路故障；④根据 N_2 压力温度曲线，温度变化时，N_2 压力值变化。

3) 造成后果：造成断路器分闸闭锁，如果当时与本断路器有关的设备故障，则断路器拒动，失灵保护动作，扩大事故范围。

4）处置原则：监控值班员上报调度，通知运维单位巡维人员，加强运行监控，做好相关操作准备。采取的措施包括：①了解 N_2 压力值，了解现场处置的基本情况和处置原则；②根据处置方式制定相应的监控措施，及时掌握 N－1 后设备运行情况。

（三）气动机构断路器异常信号

（1）××断路器气压低分合闸总闭锁。

1）信息释义：断路器气动机构压力数值低于闭锁值，压力继电器动作。

2）原因分析：①气动回路有泄漏点，压力降低到闭锁值；②压力继电器损坏；③回路故障；④温度变化时，气动机构压力值变化。

3）造成后果：造成断路器分闸闭锁，如果当时与本断路器有关的设备故障，则断路器拒动，失灵保护动作，扩大事故范围。

4）处置原则：监控值班员上报调度，通知运维单位巡维人员，加强运行监控，做好相关操作准备。采取的措施包括：①了解气动机构压力值，了解现场处置的基本情况和处置原则；②根据处置方式制定相应的监控措施，及时掌握 N－1 后设备运行情况。

（2）××断路器气压低合闸闭锁。

1）信息释义：断路器气动机构压力数值低于闭锁值，压力继电器动作，闭锁断路器合闸回路。

2）原因分析：①断路器有泄漏点，压力降低到闭锁值；②压力继电器损坏；③回路故障；④温度变化时，气动机构压力值变化。

3）造成后果：造成断路器合闸闭锁，如果当时与本断路器有关的设备故障，断路器只能分开，不能合闸。

4）处置原则：同××断路器气压低分合闸总闭锁的处置原则。

（3）××断路器气压低重合闸闭锁。

1）信息释义：断路器本体气动机构压力数值低，压力继电器动作。

2）原因分析：①断路器有泄漏点，压力降低到闭锁值；②压力继电器损坏；③回路故障；④温度变化时，气动机构压力值变化。

3）造成后果：造成断路器重合闸回路闭锁，如果当时与本断路器有关的设备故障，则断路器动作，断路器重合闸保护拒动，断路器直接三跳，扩大事故范围。

4）处置原则：同××断路器气压低分合闸总闭锁的处置原则。

（4）××断路器气压低告警。

1）信息释义：断路器气动机构压力数值低于闭锁值，压力继电器动作，发告警信号。

2）原因分析：①断路器有泄漏点，压力降低至告警值；②压力继电器损坏；③回路故障；④温度变化时，气动机构压力值变化。

3）造成后果：如果断路器气动机构压力继续降低，就有可能闭锁合闸，断路器气动机构压力更低，就会闭锁分闸回路，如果此时线路发生问题就有可能造成断路器拒动，扩大停电范围。

4）处置原则：监控值班员上报调度，通知运维单位巡维人员，加强运行监控，做好相关操作准备。采取的措施包括：①了解气动机构压力值，了解现场处置的基本情况和处置原则；②根据处置方式制定相应的监控措施，及时掌握 N－1 后设备运行情况。

（四）弹簧机构断路器异常信号

××断路器弹簧未储能。

1）信息释义：断路器弹簧未储能，造成断路器不能合闸。

2）原因分析：①断路器储能电机损坏；②储能电机继电器损坏；③电机电源消失或控制回路故障；④断路器机械故障。

3）造成后果：断路器不能合闸。

4）处置原则：监控值班员上报调度，通知运维单位巡维人员，加强运行监控，做好相关操作准备，采取相应的措施。

（五）断路器典型异常信号

（1）××断路器本体三相不一致出口。

1）信息释义：反映断路器三相位置不一致性，断路器三相跳开。

2）原因分析：①断路器三相不一致，断路器一相或两相跳开；②断路器位置继电器触点接触不良造成。

3）造成后果：断路器跳闸。

4）处置原则：监控值班员核实断路器跳闸情况并上报调度，通知运维单位巡维人员，加强运行监控，做好相关操作准备。

(2) ××断路器加热器故障。

1) 信息释义：断路器加热器故障。

2) 原因分析：①断路器加热电源跳闸；②电源辅助触点接触不良。

3) 造成后果：断路器加热器不热，容易形成凝露等，可能会造成二次回路短路或接地，甚至会造成断路器拒动或误动。

4) 处置原则：监控值班员通知运维单位巡维人员检查处理。

(3) ××断路器储能电机故障。

1) 信息释义：储能电机发生故障。

2) 原因分析：①断路器储能电机损坏；②电机电源回路故障；③电机控制回路故障。

3) 造成后果：操动机构无法储能，造成压力降低，闭锁断路器操作。

4) 处置原则：监控值班员通知运维单位巡维人员，采取相应的措施，了解现场处置的基本情况和处置原则，加强断路器操作机构压力相关信号的监视。

(六) 断路器控制回路异常信号

(1) ××断路器第一（二）组控制回路断线。

1) 信息释义：控制回路电源消失或控制回路故障，造成断路器分合闸操作闭锁。

2) 原因分析：①二次回路接线松动；②控制保险熔断或空气开关跳闸；③断路器辅助接点接触不良；④分合闸线圈损坏；⑤断路器机构“远方/就地”切换开关损坏；⑥弹簧机构未储能或断路器机构压力降至闭锁值、SF_6气体压力降至闭锁值。

3) 造成后果：不能进行分合闸操作及影响保护跳闸。

4) 处置原则：监控值班员通知运维单位巡维人员。采取的措施包括：①了解断路器控制回路情况，了解现场处置的基本情况和处置原则；②根据处置方式制定相应的监控措施，及时掌握 N－1 后设备运行情况。

(2) ××断路器第一（二）组控制电源消失。

1) 信息释义：控制电源小开关跳闸或控制回路直流消失。

2) 原因分析：①控制回路电源开关跳开；②控制回路上级电源消失；

③信号继电器误发信号。

3）造成后果：不能进行分合闸操作及影响保护跳闸。

4）处置原则：同××断路器第一（二）组控制回路断线的处置原则。

三、GIS(HGIS) 设备

（1）××气室 SF_6 气压低告警（指隔离开关、母线 TV、避雷器等气室）。

1）信息释义：××气室 SF_6 压力低于告警值，密度继电器动作发告警信号。

2）原因分析：①气室有泄漏点，压力降低到告警值；②密度继电器失灵；③回路故障；④根据 SF_6 压力温度曲线，温度变化时，SF_6 压力值变化。

3）造成后果：气室绝缘性能降低，影响正常倒闸操作。

4）处置原则：监控值班员上报调度，通知运维单位巡维人员。采取的措施包括：①了解 SF_6 压力值，了解现场处置的基本情况和处置原则；②根据处置方式制定相应的监控措施，加强相关信号监视。

（2）××断路器汇控柜交流电源消失。

1）信息释义：××断路器汇控柜中各交流回路电源有消失情况。

2）原因分析：①汇控柜中任意一个交流电源小空开跳闸或几个交流电源小空开跳闸；②汇控柜中任意一个交流回路有故障或几个交流回路有故障。

3）造成后果：无法进行相关操作。

4）处置原则：监控值班员上报调度，通知运维单位巡维人员。采取的措施包括：①了解断路器汇控柜交流消失信号和其他信号，了解现场处置的基本情况和处置原则；②根据处置方式制定相应的监控措施，加强相关信号监视。

（3）××断路器汇控柜直流电源消失。

1）信息释义：××断路器汇控柜中各直流回路电源有消失情况。

2）原因分析：①汇控柜中任意一个直流电源小空开跳闸或几个直流电源小空开跳闸；②汇控柜中任意一个直流回路有故障或几个直流回路有故障。

3）造成后果：无法进行相关操作或信号无法上送。

4）处置原则：同××断路器汇控柜交流电源消失的处置原则。

四、电压、电流互感器

（1）××电流互感器 SF_6 压力低告警。

1）信息释义：电流互感器 SF_6 压力值低于告警值，压力继电器动作。

2）原因分析：①有泄漏点，压力降低到告警值；②压力继电器损坏；③回路故障；④根据 SF_6 压力温度曲线，温度变化时，SF_6 压力值变化。

3）造成后果：如果 SF_6 压力继续降低，将造成电流互感器绝缘击穿。

4）处置原则：监控值班员上报调度，通知运维单位巡维人员，加强运行监控，做好相关操作准备。采取的措施包括：①了解 SF_6 压力值，了解现场处置的基本情况和处置原则；②根据处置方式制定相应的监控措施，及时掌握 N－1 后设备运行情况。

（2）××TV 保护二次电压空气开关跳开。

1）信息释义：TV 二次小开关跳闸。

2）原因分析：①空开老化跳闸；②空开负载有短路等情况；③误跳闸。

3）造成后果：保护拒动或误动。

4）处置原则：监控值班员通知运维单位巡维人员，查看现场情况。采取的措施包括：①了解空开跳闸原因；②询问哪些保护装置需要退出或进行相应的 TV 失压处理。

五、断路器保护

（1）××断路器失灵保护出口。

1）信息释义：事故时断路器拒动，断路器失灵保护动作，跳相邻断路器、启动母差失灵、远跳线路对侧。

2）原因分析：①保护动作，一次断路器拒动；②死区故障；③失灵保护误动。

3）造成后果：扩大事故停电范围。

4）处置原则：监控值班员上报调度，通知运维单位巡维人员，加强运行监控，做好相关操作准备。采取的措施包括：①了解现场处置的基本情况和处置原则；②根据处置方式制定相应的监控措施，及时掌握设备运行情况。

（2）××断路器重合闸出口。

1）信息释义：带重合闸功能的线路发生故障跳闸后，断路器自动重合。

2）原因分析：①线路故障后断路器跳闸；②断路器偷跳；③保护装置误发重合闸信号。

3）造成后果：线路断路器重合闸。

4）处置原则：监控值班员上报调度，通知运维单位巡维人员，加强运行监控，做好相关操作准备。采取的措施包括：①了解现场处置的基本情况和处置原则；②根据处置方式制定相应的监控措施，及时掌握设备运行情况。

（3）××断路器保护装置异常。

1）信息释义：装置自检、巡检发生严重错误，不闭锁保护功能，但部分保护功能可能会受到影响。

2）原因分析：①TA断线；②TV断线；③内部通信出错；④CPU检测到长期启动等。

3）造成后果：断路器保护装置部分功能处于不可用状态。

4）处置原则：监控值班员上报调度，通知运维单位巡维人员，加强运行监控，做好相关操作准备。采取的措施包括：①根据处置方式制定相应的监控措施；②及时掌握设备运行情况。

（4）××断路器保护装置故障。

1）信息释义：装置自检、巡检发生严重错误，装置闭锁所有保护功能。

2）原因分析：①断路器保护装置内存错误、定值区出错等硬件本身故障；②断路器保护装置失电。

3）造成后果：断路器保护装置处于不可用状态。

4）处置原则：监控值班员上报调度，通知运维单位巡维人员，加强运行监控，做好相关操作准备。采取的措施包括：①根据处置方式制定相应的监控措施；②及时掌握设备运行情况。

六、主变压器保护

（1）××主变压器差动保护出口。

1）信息释义：差动保护动作，跳开主变压器三侧开关。

2）原因分析：①变压器差动保护范围内的一次设备故障；②变压器内部故障；③电流互感器二次开路或短路；④保护误动。

3）造成后果：主变压器三侧开关跳闸，可能造成其他运行变压器过负荷；如果自投不成功，可能造成负荷损失。

4）处置原则：监控值班员核实开关跳闸情况并上报调度，通知运维单位巡维人员，做好相关操作准备。采取的措施包括：①监视其他运行主变压器及相关线路的负荷情况；②检查站用电源设备是否失电及自投情况。

（2）××主变压器××侧后备保护出口。

1）信息释义：后备保护动作，跳开相应的开关。

2）原因分析：①变压器后备保护范围内的一次设备故障，相应设备主保护未动作；②保护误动。

3）造成后果：①如果母联分段跳闸，造成母线分列运行；②如果主变压器三侧开关跳闸，可能造成其他运行变压器过负荷；③保护误动造成负荷损失；④相邻一次设备保护拒动造成故障范围扩大。

4）处置原则：同××主变压器差动保护出口的处置原则。

（3）××主变压器××侧过负荷出口。

1）信息释义：主变压器××侧电流高于过负荷动作定值。

2）原因分析：变压器过载运行或事故过负荷。

3）造成后果：主变压器跳三侧开关。

4）处置原则：同××主变压器差动保护出口的处置原则。

（4）××主变压器××侧过负荷告警。

1）信息释义：主变压器××侧电流高于过负荷告警定值。

2）原因分析：变压器过载运行或事故过负荷。

3）造成后果：主变压器发热甚至烧毁，加速绝缘老化，影响主变压器寿命。

4）处置原则：监控值班员加强运行监控，通知运维单位巡维人员，做好相关记录，加强主变压器负荷监视。采取的措施包括：①了解主变压器过负荷原因，了解现场处置的基本情况和处置原则；②根据处置方式制定相应的监控措施；③及时掌握 N-1 后设备运行情况。

（5）××主变压器过励磁保护出口。

1）信息释义：过励磁保护动作，跳开主变压器三侧开关。

2）原因分析：①系统频率过低；②变压器高压侧电压升高；③保护误动。

3）造成后果：①主变压器三侧开关跳闸，可能造成其他运行变压器过负荷；②保护误动造成负荷损失。

4）处置原则：监控值班员核实开关跳闸情况并上报调度，通知运维单位巡维人员，加强运行监控，做好相关操作准备。采取的措施包括：①加强监视其他运行主变压器及相关线路的负荷情况；②检查站用电源设备是否失电及自投情况。

（6）××主变压器保护装置告警。

1）信息释义：主变压器保护装置处于异常运行状态。

2）原因分析：①TA 断线；②TV 断线；③内部通信出错；④CPU 检测到电流、电压采样异常；⑤装置长期启动。

3）造成后果：主变压器保护装置部分功能不可用。

4）处置原则：监控值班员上报调度，通知运维单位巡维人员，加强运行监控，做好相关操作准备。采取的措施包括：①根据处置方式制定相应的监控措施；②及时掌握设备运行情况。

（7）××主变压器保护装置故障。

1）信息释义：装置自检、巡检发生严重错误，装置闭锁所有保护功能。

2）原因分析：①保护装置内存出错、定值区出错等硬件本身故障；②装置失电。

3）造成后果：主变压器保护装置处于不可用状态。

4）处置原则：监控值班员上报调度，通知运维单位巡维人员，加强运行监控，做好相关操作准备。采取的措施包括：①根据处置方式制定相应的监控措施；②及时掌握设备运行情况。

（8）××主变压器保护 TV 断线。

1）信息释义：主变压器保护装置检测到某一侧电压消失或三相不平衡。

2）原因分析：①主变压器保护装置采样插件损坏；②TV 二次接线松动；③TV 二次空开跳开；④TV 一次异常。

3）造成后果：①主变压器保护装置阻抗保护功能闭锁；②主变压器保护装置方向元件不可用。

4）处置原则：监控值班员上报调度，通知运维单位巡维人员，加强运行监控，做好相关操作准备。采取的措施包括：①根据处置方式制定相应的监控措施；②及时掌握设备运行情况。

（9）××主变压器保护 TA 断线。

1）信息释义：主变压器保护装置检测到某一侧电流互感器二次回路开路或采样值异常等原因造成差动不平衡电流超过定值后，延时发 TA 断线信号。

2）原因分析：①主变压器保护装置采样插件损坏；②TA 二次接线松动；③电流互感器损坏。

3）造成后果：①主变压器保护装置差动保护功能闭锁；②主变压器保护装置过电流元件不可用；③可能造成保护误动作。

4）处置原则：监控值班员上报调度，通知运维单位巡维人员，加强运行监控，做好相关操作准备。采取的措施包括：①根据处置方式制定相应的监控措施；②及时掌握设备运行情况。

七、高抗保护

（1）××高抗主保护出口。

1）信息释义：高抗保护动作，跳开相应开关。

2）原因分析：①高抗差动保护范围内的一次设备故障；②高抗内部故障；③电流互感器二次开路或短路；④保护误动。

3）造成后果：高抗退出运行，线路失去补偿功能。

4）处置原则：监控值班员上报调度，通知运维单位巡维人员，加强运行监控，做好相关操作准备，采取相应的措施。

（2）××高抗保护 TA 异常告警。

1）信息释义：高抗保护装置 TA 采样不正常。

2）原因分析：①高抗保护装置采样插件损坏；②TA 二次接线松动；③一次电流互感器损坏。

3）造成后果：①高抗保护装置差动保护功能闭锁；②高抗保护装置过电流元件不可用。

4）处置原则：监控值班员上报调度，通知运维单位巡维人员，加强运行监控，做好相关操作准备，采取相应的措施。

（3）××高抗保护 TV 异常告警。

1）信息释义：高抗保护装置 TV 采样不正常。

2）原因分析：①高抗保护装置采样插件损坏；②TV 二次接线松动。

3）造成后果：①高抗保护装置电压元件功能闭锁；②高抗保护装置方向元件不可用。

4）处置原则：同××高抗保护 TA 异常告警的处置原则。

（4）××高抗保护装置故障。

1）信息释义：高抗保护装置处于异常运行状态。

2）原因分析：①保护装置本身故障；②保护装置电流、电压采样异常。

3）造成后果：①保护装置处于不可用状态；②保护装置部分功能不可用。

4）处置原则：同××高抗保护 TA 异常告警的处置原则。

（5）××高抗保护装置告警。

1）信息释义：高抗保护装置处于异常运行状态。

2）原因分析：①高抗保护装置本身故障；②高抗保护装置电流、电压采样异常。

3）造成后果：①高抗保护装置处于不可用状态；②高抗保护装置部分功能不可用。

4）处置原则：监控值班员上报调度，通知运维单位巡维人员，加强运行监控，做好相关操作准备，采取相应的措施。

八、线路保护

（1）××线路第一（二）套保护出口。

1）信息释义：线路保护动作，跳开相应开关。

2）原因分析：①保护范围内的一次设备故障；②保护误动。

3）造成后果：线路本侧断路器跳闸。

4）处置原则：监控值班员上报调度，通知运维单位巡维人员，加强运行监控，做好相关操作准备，采取相应的措施。

（2）××线路第一（二）套保护远跳就地判据出口。

1）信息释义：收到远方跳闸命令，就地判据满足后跳开本侧开关。

2）原因分析：①对侧过电压、失灵或高抗保护动作；②对侧母差保护动作；③保护误动。

3）造成后果：本侧开关跳闸。

4）处置原则：①调度员根据现场检查结果确定是否拟定调度指令，安排电网运行方式；②监控值班员上报调度，通知运维单位巡维人员，加强运行监控，做好相关操作准备，采取相应的措施；③运维单位巡维人员到现场检查，向调度和监控人员汇报，采取现场处置措施。

（3）××线路第一（二）套保护通道异常。

1）信息释义：保护通道通信中断，两侧保护无法交换信息。

2）原因分析：

a. 光纤通道：①保护装置内部元件故障；②尾纤连接松动或损坏，法兰头损坏；③光电转换装置故障；④通信设备故障或光纤通道问题。

b. 高频通道：①收发信机故障；②结合滤波器、耦合电容器、阻波器、高频电缆等设备故障；③误合结合滤波器接地开关；④天气变化或湿度变化。

3）造成后果：①差动保护或纵联距离（方向）保护无法动作；②高频保护可能误动或拒动。

4）处置原则：监控值班员上报调度，通知运维单位巡维人员，加强运行监控，做好相关操作准备，采取相应的措施。

（4）××线路第一（二）套保护远跳发信。

1）信息释义：保护向线路对侧保护发跳闸令，远跳线路对侧开关。

2）原因分析：①过电压、失灵或高抗保护动作，保护装置发远跳令；②220kV 母差保护动作；③二次回路故障。

3）造成后果：远跳对侧开关。

4）处置原则：同××线路第一（二）套保护通道异常的处置原则。

（5）××线路第一（二）套保护远跳收信。

1）信息释义：收线路对侧远跳信号。

2）原因分析：对侧保护装置发远跳令。

3）造成后果：根据控制字无条件跳本侧开关，或需本侧保护启动才跳本侧开关。

4）处置原则：同××线路第一（二）套保护通道异常的处置原则。

（6）××线路第一（二）套保护 TA 断线。

1）信息释义：线路保护装置检测到电流互感器二次回路开路或采样值异常等原因造成差动不平衡电流超过定值后，延时发 TA 断线信号。

2）原因分析：①保护装置采样插件损坏；②TA 二次接线松动；③电流互感器损坏。

3）造成后果：①线路保护装置差动保护功能闭锁；②线路保护装置过电流元件不可用；③可能造成保护误动作。

4）处置原则：同××线路第一（二）套保护通道异常的处置原则。

（7）××线路第一（二）套保护 TV 断线。

1）信息释义：线路保护装置检测到电压消失或三相不平衡。

2）原因分析：①保护装置采样插件损坏；②TV 二次接线松动；③TV 二次空开跳开；④TV 一次异常。

3）造成后果：①保护装置距离保护功能闭锁；②保护装置方向元件不可用。

4）处置原则：同××线路第一（二）套保护通道异常的处置原则。

（8）××线路第一（二）套保护装置告警。

1）信息释义：保护装置处于异常运行状态。

2）原因分析：①TA 断线；②TV 断线；③内部通信出错；④CPU 检测到电流、电压采样异常；⑤装置长期启动；⑥保护装置插件或部分功能异常；⑦通道异常。

3）造成后果：保护装置部分功能不可用。

4）处置原则：同××线路第一（二）套保护通道异常的处置原则。

九、500kV 母差保护

（1）××母线第一（二）套母差保护出口。

1）信息释义：母差保护动作，跳开母线上所有开关。

2）原因分析：①母线差动保护范围内的一次设备故障；②保护误动。

3）造成后果：母线上所有开关跳闸。

4）处置原则：监控值班员上报调度，通知运维单位巡维人员，加强运行监控，做好相关操作准备，采取相应的措施。

（2）××母线第一（二）套母差保护 TA 断线。

1）信息释义：母线保护装置检测到某一支路电流互感器二次回路开路或采样值异常等原因造成差动不平衡电流超过定值后，延时发 TA 断线信号。

2）原因分析：①保护装置采样插件损坏；②TA 二次接线松动；③电流互感器损坏。

3）造成后果：可能造成保护误动作。

4）处置原则：监控值班员上报调度，通知运维单位巡维人员，加强运行监控，做好相关操作准备。根据处置方式制定相应的监控措施，及时掌握设备运行情况。

（3）××母线第一（二）套母差保护装置异常。

1）信息释义：保护装置处于异常运行状态。

2）原因分析：①保护装置本身故障；②保护装置电流、电压采样异常。

3）造成后果：①保护装置处于不可用状态；②保护装置部分功能不可用。

4）处置原则：监控值班员上报调度，通知运维单位巡维人员，加强运行监控，做好相关操作准备，采取相应的措施。

（4）××母线第一（二）套母差保护装置故障。

1）信息释义：装置自检、巡检时发生严重错误，装置闭锁所有保护功能。

2）原因分析：①保护装置内存出错、定值区出错等硬件本身故障；②装置失电。

3）造成后果：母差保护装置处于不可用状态。

4）处置原则：同××母线第一（二）套母差保护装置异常的处置原则。

十、220kV 母差保护

（1）××母线第一（二）套母差保护出口。

1）信息释义：母差保护动作，跳开母线上所有开关。

2）原因分析：①母线差动保护范围内的一次设备故障；②保护误动。

3）造成后果：母线上所有开关跳闸。

4）处置原则：监控值班员上报调度，通知运维单位巡维人员，加强运行监控，做好相关操作准备，采取相应的措施。

（2）××母线第一（二）套失灵保护出口。

1）信息释义：母差失灵保护动作，跳开母线上所有开关。

2）原因分析：①220kV 线路或主变压器发生故障，相应断路器拒动；

②保护误动。

3）造成后果：母线上所有开关跳闸。

4）处置原则：监控值班员上报调度，通知运维单位巡维人员，加强运行监控，做好相关操作准备，采取相应的措施。如造成主变压器220kV侧开关跳闸，应检查其他设备过负荷情况。

（3）××母线第一（二）套母差保护TA断线告警。

1）信息释义：保护装置TA采样不正常。

2）原因分析：①保护装置采样插件损坏；②TA二次接线松动；③一次电流互感器损坏。

3）造成后果：①保护装置差动保护功能闭锁；②保护装置误动作。

4）处置原则：监控值班员上报调度，通知运维单位巡维人员，加强运行监控，做好相关操作准备。根据处置方式制定相应的监控措施，及时掌握设备运行情况。

（4）××母线第一（二）套母差保护TV断线告警。

1）信息释义：保护装置TV采样不正常。

2）原因分析：①保护装置采样插件损坏；②TV二次接线松动。

3）造成后果：保护装置复压元件开放，可能造成差动保护误动作。

4）处置原则：同××母线第一（二）套母差保护TA断线告警的处置原则。

（5）××母线第一（二）套母差保护装置异常。

1）信息释义：保护装置处于异常运行状态。

2）原因分析：①保护装置本身故障；②保护装置电流、电压采样异常。

3）造成后果：①保护装置处于不可用状态；②保护装置部分功能不可用。

4）处置原则：同××母线第一（二）套母差保护TA断线告警的处置原则。

（6）××母线第一（二）套母差保护装置故障。

1）信息释义：装置自检、巡检时发生严重错误，装置闭锁所有保护功能。

2）原因分析：①保护装置内存出错、定值区出错等硬件本身故障；②装置失电。

3）造成后果：母差保护装置处于不可用状态。

4）处置原则：同××母线第一（二）套母差保护 TA 断线告警的处置原则。

十一、电容器、电抗器

（1）××电容器/电抗器保护出口。

1）信息释义：保护动作，跳开相应电容器或电抗器。

2）原因分析：①设备故障；②保护误动。

3）造成后果：无功补偿装置无法投入。

4）处置原则：监控值班员上报调度，通知运维单位巡维人员，加强运行监控，做好相关操作准备，采取相应的措施。

（2）××电容器/电抗器保护装置异常。

1）信息释义：保护装置处于异常运行状态。

2）原因分析：①保护装置本身故障；②保护装置电流、电压采样异常。

3）造成后果：①保护装置处于不可用状态；②保护装置部分功能不可用。

4）处置原则：监控值班员上报调度，通知运维单位巡维人员，加强运行监控，做好相关操作准备。根据处置方式制定相应的监控措施，及时掌握设备运行情况。

（3）××电容器/电抗器保护装置故障。

1）信息释义：保护装置处于异常运行状态。

2）原因分析：①保护装置本身故障；②保护装置电流、电压采样异常。

3）造成后果：①保护装置处于不可用状态；②保护装置部分功能不可用。

4）处置原则：同××电容器/电抗器保护装置异常的处置原则。

十二、测控装置

（1）××测控装置异常。

1）信息释义：测控装置软硬件自检、巡检发生错误。

2）原因分析：①装置内部通信出错；②装置自检、巡检异常；③装置内部电源异常；④装置内部元件、模块故障。

3）造成后果：部分或全部遥信、遥测、遥控功能失效。

4）处置原则：监控值班员通知运维单位巡维人员，了解现场处置的基本情况和处置原则。

（2）××测控装置通信中断。

1）信息释义：测控装置网络中断，无法通信。

2）原因分析：①装置内部电源异常；②装置内部程序卡死导致死机；③装置网口损坏；④装置交换机网线或接头损坏。

3）造成后果：该测控单元所有遥信、遥测、遥控功能失效。

4）处置原则：监控值班员通知运维单位巡维人员并将无法监视设备的监视权转移至现场，并了解现场处置的基本情况和处置原则。

第三章 检修申请单执行

第一节 术 语 定 义

（1）调度检修申请单：指为保障调度管辖设备检修工作现场作业安全和电网系统安全而设计的工作票，由设备运行维护单位向设备管辖调度机构申请，明确设备检修工作要求的安全措施，并由调度机构组织签发、许可和终结，包括调度第一种检修申请单和调度第二种检修申请单。

1）调度第一种检修申请单：指检修申请单所对应的工作需要改变或限制主、配网一次设备状态。

2）调度第二种检修申请单：指检修申请单所对应的工作不需要改变或限制一次设备状态，包括保护、安自、通信、自动化等设备上的不需要一次设备停电的检修工作或带电作业工作。

（2）检修计划：指设备运行维护单位上报和电力调度机构下达的设备停运计划。检修计划按时间跨度划分为年度检修计划、月度检修计划、周检修计划。

1）计划检修：指列入已批复月度检修计划中的，能按规定时间提交检修申请的设备检修。其余设备检修为非计划检修。

2）非计划检修：指未纳入月度检修计划的，或者未按照规定时间提交检修申请的设备检修。非计划检修包括紧急抢修和临时检修。

a. 紧急抢修：指因设备缺陷或故障等原因急需立即停电或已经强迫停运的设备检修。

b. 临时检修：指紧急抢修以外的其他非计划检修。

（3）申请负责人：指由检修申请填报部门指定，并经调度机构进行检修申请业务培训、考试合格，负责完成检修申请前期协调工作后向相应调度机构填报检修申请的人员。

（4）申请签发人：指调度机构负责受理检修申请，评估检修申请对系统的影响，制定配合检修工作所需的系统侧安全措施的人员。

（5）值班负责人（调度长）：指调度机构的当值负责人，包括电力调度值班负责人、通信调度值班负责人和自动化调度值班负责人。

（6）调度许可人：指调度机构的当值值班员，在值班负责人（调度长）的指挥下完成各项安全措施（包括检修工作要求的安全措施以及配合检修工作所需的系统侧安全措施），负责办理调度检修申请许可、变更、延期和终结手续的人员。

1）一级间接许可人：在线路检修工作中负责与调度联系，经调度许可人许可后，再对工作负责人或二级间接许可人进行工作许可的人员。

2）二级间接许可人：在线路检修工作中负责与一级间接许可人联系，经一级间接许可人进行工作许可后，再对工作负责人进行工作许可的人员。

3）末级许可人：线路检修工作中直接与工作负责人联系的许可人。

（7）厂站工作许可：指调度员确认并通知厂站值班员，调度检修申请单所列本级调度负责的安全措施已布置完成，再由厂站值班员许可厂站工作票开工的模式。

（8）线路工作一级间接许可：指调度许可人确认并通知一级间接许可人，调度检修申请单所列本级调度负责的安全措施已布置完成，再由一级间接许可人许可线路工作票开工的模式。

（9）线路工作二级间接许可：指调度许可人确认并通知一级间接许可人，调度检修申请单所列本级调度负责的安全措施已布置完成；再由一级间接许可人通知二级间接许可人，调度检修申请单所列调度负责的安全措施已布置完成；最后由二级间接许可人许可线路工作票开工的模式。

（10）线路工作直接许可：指调度许可人确认本级调度应负责的安全措施已布置完成，直接通知工作负责人许可线路工作票开工的模式。

第二节　检修申请的通知和送达

（1）已批准的检修申请单应在开工前一天送达调度室，并由值班调度员接收。值班调度员在开工前一天将已批准的检修申请通知相关单位人员。

（2）检修申请填报单位应自行登录检修管理系统查询申请的审批情况，并及时组织开展工作准备、通知外来检修单位、通知管辖范围内的客户等工作。检修申请负责人应将批复完毕的检修申请单以书面、传真或网络方式送交有关工作负责人。属变电站内的设备检修，还应以书面、传真或网络方式将检修申请单送达相应变电站。

第三节 检修申请执行

（1）已批准的设备检修申请单是值班调度员执行操作的依据之一。由设备管辖调度机构值班调度员提前向相关单位运行值班人员发出操作预通知，现场根据通知要求做好操作准备。

（2）因电网特殊情况，值班调度员有权推迟、取消已批准的检修申请或终止已开工的检修，将检修设备恢复备用或投入运行。因此而被取消或未完成的检修工作，值班调度员应及时通知停复电联系人和检修申请签发专业签发人。如因申请单位原因被取消的检修申请，再次安排时视为非计划检修。

（3）设备状态的改变和检修申请的执行，应在值班调度员统一指挥下进行。任何情况下都严禁“约时”停、送电；严禁“约时”开始或结束检修工作。

（4）设备停电操作前，现场操作人员（运行值班人员或有相应资格的人员）应辨识、评估现场环境风险，明确带电和停电设备范围，审核检修申请单中工作要求的安全措施（调度管辖设备）的正确性，具备操作条件后联系值班调度员申请操作。值班调度员在执行调度操作命令票前，应与现场操作人员核实现场具备操作条件后，方可开始下令操作。设备停电操作结束后，值班调度员应与相关人员核实相应调度机构管辖设备（含一次、二次设备）的状态（安全措施）及调度负责的安全措施等满足要求后，方可许可检修申请单开工。

（5）高压线路工作许可方式统一采取调度间接许可方式，由调度机构值班调度员通过线路运行单位指定的许可人（末级许可人），对工作负责人许可工作；不采取调度直接许可方式。非末级许可人不得直接对工作负责人许可工作。属省调管辖线路检修工作的许可，先由省调值班调度员通知相应地调值班调度员，再由相应地调值班调度员通知末级许可人，最后由末级许可人向工作负责人许可工作。属地调管辖线路检修工作的许可，先由地调值班调度员通知末级许可人，再由末级许可人向工作负责人许可工作；采用二级间接许可时，先由地调值班调度员通知相应县（配）调值班调度员，再由相应县（配）调值班调度员通知末级许可人，最后由末级许可人向工作负责人许可工作。属县（配）调管辖线路检修工作的许可，先由县（配）调值班调度员通知末级许可人，再由末级许可人向工作负责人许可工作。

（6）线路检修工作结束，末级许可人应核实相关安全措施（调度负责的安全措施以外的措施）已拆除、人员已撤离、调度管辖线路恢复至调度许可工作前的状态后，向管辖调度机构值班调度员汇报工作完工。若有二级间接许可人时，先由末级许可人向一级间接许可人汇报，再由一级间接许可人向管辖调度机构值班调度员汇报。高压线路工作许可流程示意图如图 3－1 所示。

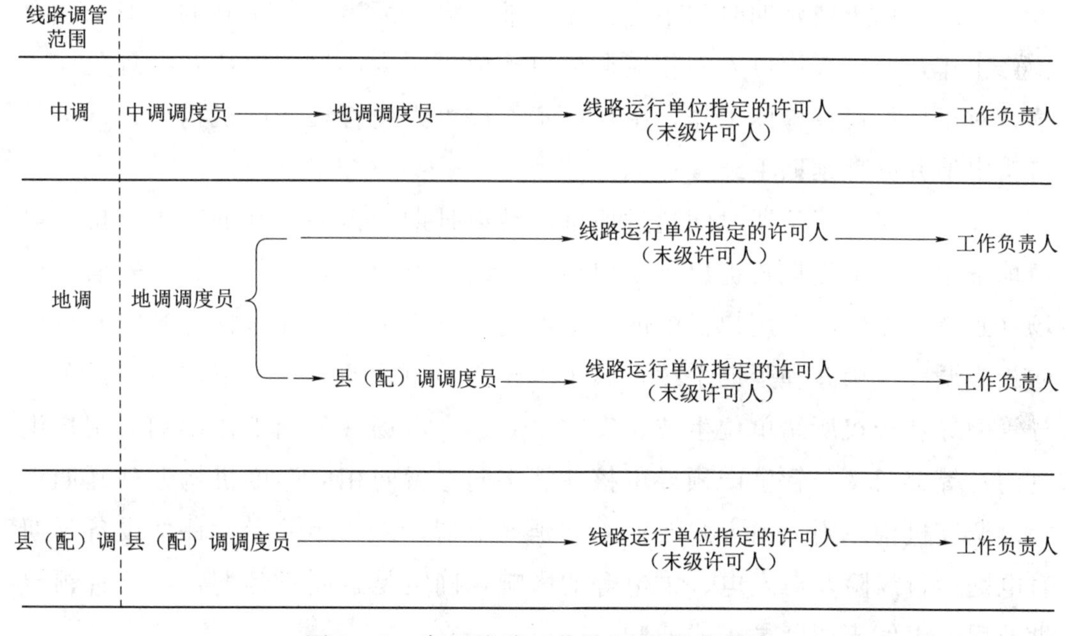

图 3－1　高压线路工作许可流程示意图

（7）厂站内的设备检修工作，由设备管辖调度机构值班调度员向厂站工作许可人许可工作。工作结束后，厂站工作许可人应核实相关安全措施（调度负责的安全措施以外的措施）已拆除、人员已撤离、调度管辖设备状态已恢复至调度许可工作前的状态后，向值班调度员汇报工作完工。若该设备仍有后续检修工作需保留相关安全措施时，现场应加强管理，并汇报调度。

（8）设备检修及配合停电工作结束后，值班调度员应向相关单位核实所有工作均已全部结束、相关安全措施已拆除、人员已撤离、设备具备运行条件后，方可进行操作。

（9）检修申请涉及的单位、部门应主动了解并掌握检修申请的执行情况。

第四节 检修申请单变更和延期

（1）已开工的设备检修工作，若因故不能按期完工，应在批复工期未过半前向相应调度管辖（及许可）机构办理延期申请。在工期过半后才申请延期的，按非计划检修统计、考评。除紧急抢修之外的检修申请单只能延期一次。

（2）检修申请延期时间不超过原批准结束日期当天 24:00 的，对于线路检修工作，由末级许可人向相应调度机构值班调度员口头申请并办理延期手续；对于厂站设备检修工作，由厂站工作许可人向管辖调度机构值班调度员口头申请并办理延期手续。

（3）检修申请延期时间超过原批准结束日期当天 24:00 的，由该检修申请填报单位以书面形式提出延期申请，经设备产权所属单位生技、安监、市场（延期工作影响对用户供电的）等部门及分管生产领导审核并签字同意后向相应调度机构办理延期手续；属于基建方面原因的，书面申请由建设单位分管领导和产权所属单位生技、安监、基建、市场（延期工作影响对用户供电的）等部门及分管生产领导审核并签字同意后向相应调度机构办理延期手续。调度机构原则上由方式专业受理延期申请，协调相关专业评估设备延期对电网运行风险及对发电、供电等的影响，确定是否同意延期，经分管领导批准后，由值班调度员正式通知。

（4）延期手续未完成前，超过检修申请单批准结束时间即应停止工作，延期手续办理完成后方可继续开展。

第五节 检修申请单的终结

（1）检修申请单的终结包括申请单中所对应工作内容已结束，调度负责安全措施已解除，并将设备恢复到检修申请单执行前状态或签发意见指定的运行方式。

（2）设备检修及配合停电工作结束后，调度许可对象应与值班调度员核实检修申请单中的所有现场工作票已终结，临时安全措施已拆除，人员已全部撤离，相关一次、二次设备具备运行条件后，值班调度员方可进行操作。

第六节 检修申请单的作废

（1）若已签发的检修申请单，在停电前因为天气、设备、用户等原因不具备检修条件的，可以由申请负责人或调度许可对象向专业签发人或值班调度员提出作废申请并说明原因，并办理检修申请单的作废流程。

（2）专业签发人和值班调度员可以根据电网实际需要作废已签发的检修申请单，并办理检修申请单的作废流程。

第七节 口头申请的管理要求

（1）紧急抢修申请（遇设备突发异常或故障，需进行紧急处理或抢修的），可向当值调度员口头办理，紧急抢修工作预计从许可时间起 12 小时内无法完成的，抢修设备产权所属单位应向调度机构申请补办书面临时检修申请。

（2）在向调度机构申请的设备状态不变、停电范围不变、检修完工时间不超过原有申请范围的条件下，事前不可预见且当天能完工的工作可向当值调度员口头申请，当值调度员可视情况决定是否安排。

（3）线路上的带电作业，在当天 24:00 前可完工的可向值班调度员口头申请。

（4）检修申请延期时间不超过原批准结束日期当天 24:00 的，向当值调度员口头申请并办理延期手续。

第八节 线路带电作业要求

（1）线路带电作业申请，应明确是否需要退出重合闸；对不需要退出重合闸的，应明确线路跳闸后是否允许调度不经联系直接强送电。

（2）在调度机构管辖线路上的多天连续带电作业，要求退出重合闸的，或者虽不需要退出重合闸但线路跳闸后不允许直接强送电的，设备产权单位应提前向调度机构办理带电作业申请。

（3）向调度员口头申请的带电作业，在申请时须说明带电作业时间、内容、天气情况、有无相关要求，以及对保护、通信的影响，得到同意后方可开展。

第四章 设备顺序控制

在传统运行操作模式下，调度运行操作采取“调度员下令＋现场操作”的模式进行操作，操作流程复杂，操作过程需调度员与现场运行人员反复核实、下令、回令、复诵等，操作效率较低。随着调控一体化业务深入推进，调监控业务逐渐融合，调控中心开展断路器远方遥控操作已形成常态化，调度监控员的操作压力也日趋增大。为进一步提升运行操作效率，减轻调度监控员和现场运行人员的操作压力，在开展技术系统建设的同时，可对隔离开关电机电源回路进行改造，进一步解决制约调控端不能对现场隔离开关进行远方控制的瓶颈，最终实现调控端对变电站现场隔离开关进行远方遥控操作，为调控端对现场设备开展“一键式”远方顺序控制奠定坚实的基础。

第一节 设备顺序控制条件

一、技术系统方面

（1）对不具备远方遥控操作的断路器、隔离开关进行技改，实现远方遥控操作功能。

（2）对隔离开关电机电源回路进行改造，实现对隔离开关电机电源的远方控制。

（3）完善技术支持系统、信号规范、语音告警等，确保相应的遥测、遥信等信息可靠上传。

（4）建立可靠的视频监视系统，确保调控中心对现场设备进行远方顺序控制时，视频监控系统实时对操作设备进行对焦检查、跟踪判断并形成分析报告反馈系统进行决策和判断，确保操作安全。

（5）调控端建立可靠的防误系统，避免出现误操作等情况。

（6）调控端操作系统具备模拟预演功能，操作前调度监控员进行模拟预演无误后方可开展设备顺序控制。

二、制度流程方面

（1）明确开展设备顺序控制范围及条件，对设备顺序控制操作开展风险分析并制定详细的防控措施。

（2）明确设备顺序控制操作前、操作中、操作后各环节操作要求以及沟通汇报机制。

（3）编制设备顺序控制操作过程操作说明书，对调度监控员开展培训和宣贯，使调度监控员熟练掌握设备顺序控制操作方法及应急处置流程。

（4）结合调度运行操作规定，编制线路、主变、母线等设备顺序控制填票规范及注意事项，规范运行操作管理。

三、人员技能方面

（1）熟悉设备顺序控制操作流程及方法。

（2）熟悉设备顺序控制操作过程应急处置流程及步骤。

（3）熟悉设备顺序控制操作过程面临的风险及控制措施。

（4）熟悉设备顺序控制操作过程配套技术支持系统（如高清视频系统、智能巡检机器人等）的使用。

（5）熟悉设备顺序控制操作过程信息沟通汇报等注意事项。

第二节 设备顺序控制逻辑编制

一、220kV线路复电设备顺序控制逻辑

220kV线路复电设备顺序控制逻辑见表4-1。

表4-1 220kV线路复电设备顺序控制逻辑

某电力调度控制中心 顺序控制逻辑定值单							
线路名称：220kV AB线　编号：2018-220kV系统站-顺控-0701							
将220kV AB线由冷备用转运行							
步骤	操作	条件1	条件2	条件3	条件4	条件5	延时/s
1	合上2882隔离开关电机电源	288断路器位置=0	22017地刀位置=0	22027地刀位置=0	A站地刀位置=0	B站地刀位置=0	10

续表

步骤	操作	条件 1	条件 2	条件 3	条件 4	条件 5	延时/s
2	合 2882 隔离开关	2882 隔离开关位置=0					10
3	断开 2882 隔离开关电机电源	2882 隔离开关位置=1	视频 2882 隔离开关信号=1	人工确认=1			10
4	合上 2886 隔离开关电机电源	28860 地刀位置=0	28867 地刀位置=0	288 断路器位置=0			10
5	合 2886 隔离开关	2886 隔离开关位置=0					10
6	断开 2886 隔离开关电机电源	2886 隔离开关位置=1	视频 2886 隔离开关信号=1	人工确认=1			10
7	合上 2631 隔离开关电机电源	2632 隔离开关位置=0	29010 地刀位置=0	26317 地刀位置=0	263 断路器位置=0		10
8	合 2631 隔离开关	2631 隔离开关位置=0					10
9	断开 2631 隔离开关电机电源	2631 隔离开关位置=1	视频 2631 隔离开关信号=1	人工确认=1			10
10	合上 2636 隔离开关电机电源	26360 地刀位置=0	26367 地刀位置=0	263 断路器位置=0			10
11	合 2636 隔离开关	2636 隔离开关位置=0					10
12	断开 2636 隔离开关电机电源	2636 隔离开关位置=1	视频 2636 隔离开关信号=1	人工确认=1			10
13	合上 288 断路器	无压合压板=1	B 站地刀位置=0	人工确认=1			10

续表

步骤	操作	条件 1	条件 2	条件 3	条件 4	条件 5	延时/s
14	合上 263 断路器（同期合）	A 站地刀合成=0					10
编制		审核		批准		执行	

注 1. 条件中遥信“0”表示分位，“1”表示合位。
2. 视频隔离开关信号：“1”表示刀闸开启，“2”表示刀闸虚接，“3”表示刀闸闭合，“4”表示无法判别。
3. 本定值单由自动化专业编制，调控专业审核，部门分管领导批准，由自动化专业和调控专业共同确认执行。

二、220kV 线路停电设备顺序控制逻辑

220kV 线路停电设备顺序控制逻辑见表 4-2。

表 4-2　220kV 线路停电设备顺序控制逻辑

线路名称：220kV AB 线　编号：2018-220kV 系统站-顺控-0702							
将 220kV AB 线由运行转冷备用							
步骤	操作	条件 1	条件 2	条件 3	条件 4	条件 5	延时/s
1	分 263 断路器						10
2	分 288 断路器						10
3	合上 2636 隔离开关电机电源	263 断路器位置=0	263 断路器 $Ia<5A$	视频 263 断路器信号=0	人工确认=1		10
4	分 2636 隔离开关						10
5	断开 2636 隔离开关电机电源	2636 开关位置=0	视频 2636 隔离开关信号=1	人工确认=1			10
6	合上 2631 隔离开关电机电源	263 断路器位置=0	263 断路器 $Ia<5A$				10

续表

步骤	操作	条件1	条件2	条件3	条件4	条件5	延时/s
7	分2631隔离开关						10
8	断开2631隔离开关电机电源	2631位置=0	视频2631隔离开关信号=1	人工确认=1			10
9	合上2886隔离开关电机电源	288断路器位置=0	288断路器Ia<5A	视频288断路器信号=0	人工确认=1		10
10	分2886隔离开关						10
11	断开2886隔离开关电机电源	2886开关位置=0	视频2886隔离开关信号=1	人工确认=1			10
12	合上2882隔离开关电机电源	288断路器位置=0	288断路器Ia<5A	288断路器Ib<5A	288断路器Ic<5A		10
13	分2882隔离开关						10
14	断开2882隔离开关电机电源	2882位置=0	视频2882隔离开关信号=1	人工确认=1			10

编　制	审　核	批　准	执　行

注　1. 条件中遥信“0”表示分位，“1”表示合位。
2. 视频隔离开关信号：“1”表示刀闸开启，“2”表示刀闸虚接，“3”表示刀闸闭合，“4”表示无法判别。
3. 本定值单由自动化专业编制，调控专业审核，部门分管领导批准，由自动化专业和调控专业共同确认执行。

三、220kV主变复电设备顺序控制逻辑

220kV主变复电设备顺序控制逻辑见表4-3。

表 4-3　　220kV 主变复电设备顺序控制逻辑

厂站名称：220kV 甲变电站　编号：2018-220kV 甲变电站-顺控-0708								
将 220kV 甲变电站 220kV＃1 主变 201、101 断路器由冷备用转运行								
步骤	操作	条件 1	条件 2	条件 3	条件 4	条件 5	条件 6	延时/s
1	合上 2011 隔离开关电机电源	2012 隔离开关位置=0	21027 地刀位置=0	21017 地刀位置=0	20117 地刀位置=0	201 断路器位置=0	2010 接地开关位置=1	10
2	合 2011 隔离开关							10
3	断开 2011 隔离开关电机电源	2011 隔离开关位置=1	视频 2011 隔离开关信号=1	人工确认=1				10
4	合上 2016 隔离开关电机电源	20160 地刀位置=0	20167 地刀位置=0	201 断路器位置=0				10
5	合 2016 隔离开关							10
6	断开 2016 隔离开关电机电源	2016 隔离开关位置=1	视频 2016 隔离开关信号=1	人工确认=1				10
7	合上 1011 隔离开关电机电源	1012 隔离开关位置=0	11027 地刀位置=0	11017 地刀位置=0	10117 地刀位置=0	101 断路器位置=0	1010 接地开关位置=1	10
8	合 1011 隔离开关							10
9	断开 1011 隔离开关电机电源	1011 隔离开关位置=1	视频 1011 隔离开关信号=1	人工确认=1				10
10	合上 1016 隔离开关电机电源	10160 地刀位置=0	10167 地刀位置=0	101 断路器位置=0				10
11	合 1016 隔离开关							10
12	断开 1016 隔离开关电机电源	1016 隔离开关位置=1	视频 1016 隔离开关信号=1	人工确认=1				10

续表

步骤	操作	条件 1	条件 2	条件 3	条件 4	条件 5	条件 6	延时/s
13	合 201 断路器							10
14	合 101 断路器							
编　制		审　核		批　准		执　行		

注 1. 条件中“0”表示分位，“1”表示合位。

2. 本定值单由自动化专业编制，调控专业审核，部门分管领导批准，由自动化专业和调控专业共同确认执行。

四、220kV 主变停电设备顺序控制逻辑

220kV 主变停电设备顺序控制逻辑见表 4-4。

表 4-4　220kV 主变停电设备顺序控制逻辑

厂站名称：220kV 甲变电站　编号：2018-220kV 甲变电站-顺控-0708（总 4）　共 4 页　第 2 页								
将 220kV 甲变电站 220kV ＃2 主变 202、102 断路器由冷备用转运行								
步骤	操作	条件 1	条件 2	条件 3	条件 4	条件 5	条件 5	延时/s
1	合上 2022 隔离开关电机电源	2021 隔离开关位置=0	22027 地刀位置=0	22017 地刀位置=0	20217 地刀位置=0	202 断路器位置=0	2020 中性点接地开关位置=1	10
2	合 2022 隔离开关							10
3	断开 2022 隔离开关电机电源	2022 隔离开关位置=1	视频 2022 隔离开关信号=1	人工确认=1				10
4	合上 2026 隔离开关电机电源	20260 地刀位置=0	20267 地刀位置=0	202 断路器位置=0				10
5	合 2026 隔离开关							10

续表

步骤	操作	条件 1	条件 2	条件 3	条件 4	条件 5	条件 5	延时/s
6	断开 2026 隔离开关电机电源	2026 隔离开关位置=1	视频 2026 隔离开关信号=1	人工确认=1				10
7	合上 1022 隔离开关电机电源	1021 隔离开关位置=0	11027 地刀位置=0	11017 地刀位置=0	10217 地刀位置=0	102 断路器位置=0	1020 中性点接地开关位置=1	10
8	合 1022 隔离开关							10
9	断开 1022 隔离开关电机电源	1022 隔离开关位置=1	视频 1022 隔离开关信号=1	人工确认=1				10
10	合上 1026 隔离开关电机电源	10260 地刀位置=0	10267 地刀位置=0	102 断路器位置=0				10
11	合 1026 隔离开关							10
12	断开 1026 隔离开关电机电源	1026 隔离开关位置=1	视频 1026 隔离开关信号=1	人工确认=1				10
13	合 202 断路器							10
14	合 102 断路器							

编　制	审　核	批　准	执　行

注 1. 条件中“0”表示分位，“1”表示合位。

2. 本定值单由自动化专业编制，调控专业审核，部门分管领导批准，由自动化专业和调控专业共同确认执行。

第三节 设备顺序控制风险分析及控制措施

（1）设备顺序控制逻辑错误，审核时未严格把关，引起误控制，导致事故事件发生。

控制措施如下：

1）开展设备顺序控制前，自动化、变电运行、检修、调控等专业人员共同编制顺序控制调试方案以及顺序控制定值单，并完成审核、批准手续。

2）主站系统录入顺序控制定值时，需实行监护制度，采取一人录入一人监护检查的方式开展，确保定值录入正确。

3）顺序控制操作调试过程中，变电站现场运行人员需同步开展监督，发现异常及时利用紧急停止按钮停止设备操作。

4）在进行设备顺序控制操作前，自动化人员需与当值调度监控员共同核对调控端自动化系统的顺序控制逻辑与定值单一致。

5）在进行设备顺序控制操作前，调度监控员与现场运行人员做好操作沟通交流，做好设备顺序控制模拟预演，对智能巡检机器人、视频监视系统等进行检查，为设备顺序控制操作提供相应的辅助决策和判断。

6）在进行设备顺序控制操作时，当值调度监控员一人操作一人监护，变电站现场运行人员在断路器间隔内开展实际设备操作情况的观察，发现异常时，调度监控员立即点击紧急停止按钮停止设备操作。

7）在进行设备顺序控制操作时，当值调度监控员与变电站现场运行人员保持电话实时通话，确保顺序控制的准确可靠性。

（2）在进行设备顺序控制时，自动化系统突然失灵可能造成系统不能下发遥控命令，顺序控制操作功能停止。

控制措施如下：

1）顺序控制操作期间，当值调度监控员若发现自动化系统遥控失灵应立即停止操作，及时通过电话联系变电站现场配合人员，恢复由现场操作或停止操作。

2）立即通知自动化专业人员对自动化系统故障进行排查，尽快恢复自动化系统。

3）自动化系统恢复后，自动化专业人员立即检查顺序控制程序和逻辑的正确性，确认无误后，方可通知当值调度监控员，当值调度监控员根据电网实际情况决定是否继续采用顺序控制操作。

(3）设备分合不到位引起三相电流不平衡、刀闸发热，导致电网事故发生。

控制措施如下：

1）顺序控制操作前，当值调度监控员与变电站现场运行人员加强沟通，明确操作思路及操作过程注意事项。

2）顺序控制操作前，当值调度监控员进行合理分工，明确操作过程如何通过系统进行检查判断并确认。

3）顺序控制操作过程，当值调度监控员与变电站现场运行人员保持电话沟通，直到操作结束方可挂断电话。

4）当值调度监控员必须熟悉顺序控制操作原则，不得跳项执行或未经检查确认当前设备状态即执行操作。

5）操作过程中如有因隔离开关分合不到位造成的非全相运行，当值调度监控员暂停操作并及时指挥进行处理。

6）操作结束后当值调度监控员需与现场仔细核实一次、二次设备状态。

7）结合设备顺序控制操作可能引起的电网事故，编制相应的处置预案并组织当值调度监控员学习培训和演练。

(4）调度监控员不熟悉操作步骤，导致误操作、误控制，引起设备停电或造成设备损毁。

控制措施如下：

1）在进行设备顺序控制操作前，组织调度监控员开展设备顺序控制专项培训，使调度监控员熟练掌握设备顺序控制操作步骤及注意事项。

2）编制设备顺序控制可视化系统操作说明书，供调度监控员熟悉，确保操作安全。

3）严格执行调度命令票“三审”制度，杜绝无票操作。

4）在进行顺序控制操作过程中，通过“双确认”原则以及视频系统、智能机器人等辅助设备对设备分合状态进行确认，防止误操作。

第四节　设备顺序控制填票示例

一、220kV线路停复电调度（监控）逐项操作票（两侧由同一调控中心调管，两侧断路器、隔离开关均具备程序控制条件）

220kV线路停复电设备顺序控制填票示例分别见表4-5及表4-6。

表4-5　　220kV线路停电设备顺序控制填票示例

<table>
<tr><td colspan="2">填票日期</td><td>2018年8月30日</td><td>操作开始日期</td><td>2018年8月30日</td><td>操作结束日期</td><td colspan="2">2018年8月30日</td></tr>
<tr><td colspan="2">操作任务</td><td colspan="6">将220kV AB线由运行转冷备用</td></tr>
<tr><td>顺序</td><td>受令/遥控单位</td><td colspan="2">操 作 项 目</td><td>操作人</td><td>发令/遥控时间</td><td>现场受令人</td><td>完成时间</td></tr>
<tr><td>1</td><td>A站</td><td colspan="2">将220kV AB线按程序控制前的要求进行设置</td><td>张三</td><td>16：00</td><td>李四</td><td>16：02</td></tr>
<tr><td>2</td><td>B站</td><td colspan="2">将220kV AB线按程序控制前的要求进行设置</td><td>张三</td><td>16：00</td><td>王五</td><td>16：02</td></tr>
<tr><td>3</td><td>××调控</td><td colspan="2">执行220kV AB线由运行转冷备用程序操作</td><td>张三</td><td>16：03</td><td></td><td>16：15</td></tr>
<tr><td>4</td><td>A站</td><td colspan="2">合上220kV AB线25167接地开</td><td>张三</td><td>16：16</td><td>李四</td><td>16：20</td></tr>
<tr><td>5</td><td>B站</td><td colspan="2">合上220kV AB线26267接地开</td><td>张三</td><td>16：16</td><td>王五</td><td>16：25</td></tr>
<tr><td>6</td><td>A站</td><td colspan="2">将220kV AB线按程序控制后的要求进行设置</td><td>张三</td><td>16：26</td><td>李四</td><td>16：30</td></tr>
<tr><td>7</td><td>B站</td><td colspan="2">将220kV AB线按程序控制后的要求进行设置</td><td>张三</td><td>16：26</td><td>王五</td><td>16：30</td></tr>
<tr><td></td><td></td><td colspan="2">以下空白</td><td></td><td></td><td></td><td></td></tr>
<tr><td rowspan="2">备注</td><td colspan="7">□遥控失败　□挂牌　□摘牌　□无标识牌　□已复上级调度令</td></tr>
<tr><td colspan="7"></td></tr>
<tr><td>填票人</td><td>张三</td><td colspan="2">审核人（监护人）</td><td>李六</td><td colspan="2">值班负责人</td><td>周七</td></tr>
</table>

表 4-6 **220kV 线路复电设备顺序控制填票示例**

<table>
<tr><td colspan="2">填票日期</td><td>2018 年 9 月 3 日</td><td>操作开始日期</td><td>2018 年 9 月 3 日</td><td>操作结束日期</td><td>2018 年 9 月 3 日</td></tr>
<tr><td colspan="2">操作任务</td><td colspan="5">将 220kV AB 线由检修转运行</td></tr>
<tr><td>顺序</td><td>受令/遥控单位</td><td>操 作 项 目</td><td>操作人</td><td>发令/遥控时间</td><td>现场受令人</td><td>完成时间</td></tr>
<tr><td>1</td><td>A 站</td><td>核实 220kV AB 线站内相关检修工作已全部结束，作业人员已全部撤离，现场所有临时措施已拆除，现场自行操作的接地开关已全部拉开，220kV AB 线的保护装置已正常投入，220kV AB 线具备复电条件</td><td>张三</td><td>20：00</td><td>李四</td><td>20：02</td></tr>
<tr><td>2</td><td>B 站</td><td>核实 220kV AB 线站内相关检修工作已全部结束，作业人员已全部撤离，现场所有临时措施已拆除，现场自行操作的接地开关已全部拉开，220kV AB 线的保护装置已正常投入，220kV AB 线具备复电条件</td><td>张三</td><td>20：03</td><td>王五</td><td>20：05</td></tr>
<tr><td>3</td><td>线路单位末级许可人</td><td>核实 220kV AB 线线路相关检修工作已全部结束，作业人员已全部撤离，现场所有临时措施已拆除，220kV AB 线具备复电条件</td><td>张三</td><td>20：05</td><td>刘三</td><td>20：07</td></tr>
<tr><td>4</td><td>A 站</td><td>拉开 220kV AB 线 25167 接地开</td><td>张三</td><td>20：08</td><td>李四</td><td>20：14</td></tr>
<tr><td>5</td><td>B 站</td><td>拉开 220kV AB 线 26267 接地开</td><td>张三</td><td>20：08</td><td>王五</td><td>20：15</td></tr>
<tr><td>6</td><td>A 站</td><td>将 220kV AB 线按程序控制前的要求进行设置</td><td>张三</td><td>20：16</td><td>李四</td><td>20：18</td></tr>
<tr><td>7</td><td>B 站</td><td>将 220kV AB 线按程序控制前的要求进行设置</td><td>张三</td><td>20：18</td><td>王五</td><td>20：20</td></tr>
<tr><td>8</td><td>××调控</td><td>执行 220kV AB 线由冷备用转运行程序操作</td><td>张三</td><td>20：21</td><td></td><td>20：25</td></tr>
<tr><td>9</td><td>B 站</td><td>将 220kV AB 线按程序控制后的要求进行设置</td><td>张三</td><td>20：26</td><td>王五</td><td>20：28</td></tr>
<tr><td>10</td><td>A 站</td><td>将 220kV AB 线按程序控制后的要求进行设置</td><td>张三</td><td>20：29</td><td>李四</td><td>20：31</td></tr>
<tr><td>备注</td><td colspan="6">□遥控失败 □挂牌 □摘牌 □无标识牌 □已复上级调度令</td></tr>
<tr><td colspan="2">填票人</td><td>张三</td><td>审核人（监护人）</td><td>李六</td><td>值班负责人</td><td>周七</td></tr>
</table>

二、220kV A站220kV＃1主变停复电调度（监控）逐项操作票

正常运行方式下，220kV A站220kV＃1、＃2主变并列运行，220kV A站220kV＃2主变中性点直接接地，220kV＃1主变中性点间隙接地，220kV＃1、＃2主变低压侧分别供35kVⅠ、Ⅱ段母线，220kV＃1、＃2主变高压侧和中压侧断路器、隔离开关均具备程序控制条件，低压侧断路器和隔离开关不具备远方遥控操作操作条件。将220kV A站220kV＃1主变停复电设备顺序控制填票示例分别见表4－7及表4－8。

表4－7　将220kV A站220kV ＃1主变由运行转冷备用设备顺序控制填票示例

<table>
<tr><td colspan="2">填票日期</td><td>2018年9月10日</td><td>操作开始日期</td><td>2018年9月10日</td><td>操作结束日期</td><td>2018年9月10日</td></tr>
<tr><td colspan="2">操作任务</td><td colspan="5">220kV A站220kV ＃1主变由运行转冷备用</td></tr>
<tr><td>顺序</td><td>受令/遥控单位</td><td>操作项目</td><td>操作人</td><td>发令/遥控时间</td><td>现场受令人</td><td>完成时间</td></tr>
<tr><td>1</td><td>220kV A站</td><td>将220kV ＃1主变按程序控制前的要求进行设置</td><td>张三</td><td>20：11</td><td>李四</td><td>20：12</td></tr>
<tr><td>2</td><td>××调控</td><td>执行220kV A站220kV ＃1主变由运行转冷备用程序操作</td><td>张三</td><td>20：13</td><td></td><td>20：16</td></tr>
<tr><td>3</td><td>220kV A站</td><td>将220kV ＃1主变按程序控制后的要求进行设置</td><td>张三</td><td>20：17</td><td>李四</td><td>20：18</td></tr>
<tr><td rowspan="2">备注</td><td colspan="6">□遥控失败　□挂牌　□摘牌　□无标志牌　□已复上级调度令</td></tr>
<tr><td colspan="6">1. 操作前核实220kV A站220kV ＃1低压侧负荷已全部转移，主变低压侧301断路器已处冷备用状态；
2. 220kV A站220kV ＃1主变由运行转冷备用设备顺控控制操作包括220kV＃1、＃2主变中性点切换操作。</td></tr>
<tr><td colspan="2">填票人</td><td>张三</td><td>审核人（监护人）</td><td>李六</td><td>值班负责人</td><td>周七</td></tr>
</table>

表 4-8　　将 220kV A 站 220kV ♯1 主变由冷备用转运行设备顺序控制填票示例

<table>
<tr><td colspan="2">填票日期</td><td>2018 年 9 月 10 日</td><td>操作开始日期</td><td>2018 年 9 月 10 日</td><td>操作结束日期</td><td>2018 年 9 月 10 日</td></tr>
<tr><td colspan="2">操作任务</td><td colspan="5">220kV A 站 220kV ♯1 主变由冷备用转运行</td></tr>
<tr><td>顺序</td><td>受令/遥控单位</td><td>操作项目</td><td>操作人</td><td>发令/遥控时间</td><td>现场受令人</td><td>完成时间</td></tr>
<tr><td>1</td><td>220kV A 站</td><td>核实 220kV ♯1 主变所有检修工作已全部结束，作业人员已全部撤离，现场所有临时措施已拆除，现场自行操作的接地开关已全部拉开，220kV ♯1 主变的保护装置已正常投入，220kV ♯1 主变具备复电条件</td><td>张三</td><td>20：11</td><td>李四</td><td>20：12</td></tr>
<tr><td>2</td><td>220kV A 站</td><td>将 220kV ♯1 主变按程序控制前的要求进行设置</td><td>张三</td><td>20：13</td><td>李四</td><td>20：14</td></tr>
<tr><td>3</td><td>××调控</td><td>执行 220kV A 站 220kV ♯1 主变由运行转冷备用程序操作</td><td>张三</td><td>20：15</td><td></td><td>20：18</td></tr>
<tr><td></td><td>220kV A 站</td><td>将 220kV1 号主变按程序控制后的要求进行设置</td><td>张三</td><td>20：19</td><td>李四</td><td>20：20</td></tr>
<tr><td rowspan="2">备注</td><td colspan="6">□遥控失败　□挂牌　□摘牌　□无标识牌　□已复上级调度令</td></tr>
<tr><td colspan="6">1. 220kV A 站 220kV ♯1 主变由冷备用转运行设备顺控控制操作包括 220kV♯1、♯2 主变中性点切换操作。
2. 220kV A 站 220kV ♯1 主变由冷备用转运行设备顺控控制不包括主变低压侧 301 断路器，操作结束后 220kV ♯1 主变低压侧 301 断路器保持冷备用。</td></tr>
<tr><td colspan="2">填票人</td><td>张三</td><td>审核人（监护人）</td><td>李六</td><td>值班负责人</td><td>周七</td></tr>
</table>

第五章 电网调度相关事件案例分析

案例一　某调度机构线路复电操作顺序不当事件

一、事前运行方式

500kV AB乙线转检修开展计划工作，B站侧开关间隔转冷备用开展计划工作，A厂侧开关间隔无工作500kV母线合环运行。

A厂、B站事前运行方式分别如图5-1和图5-2所示。

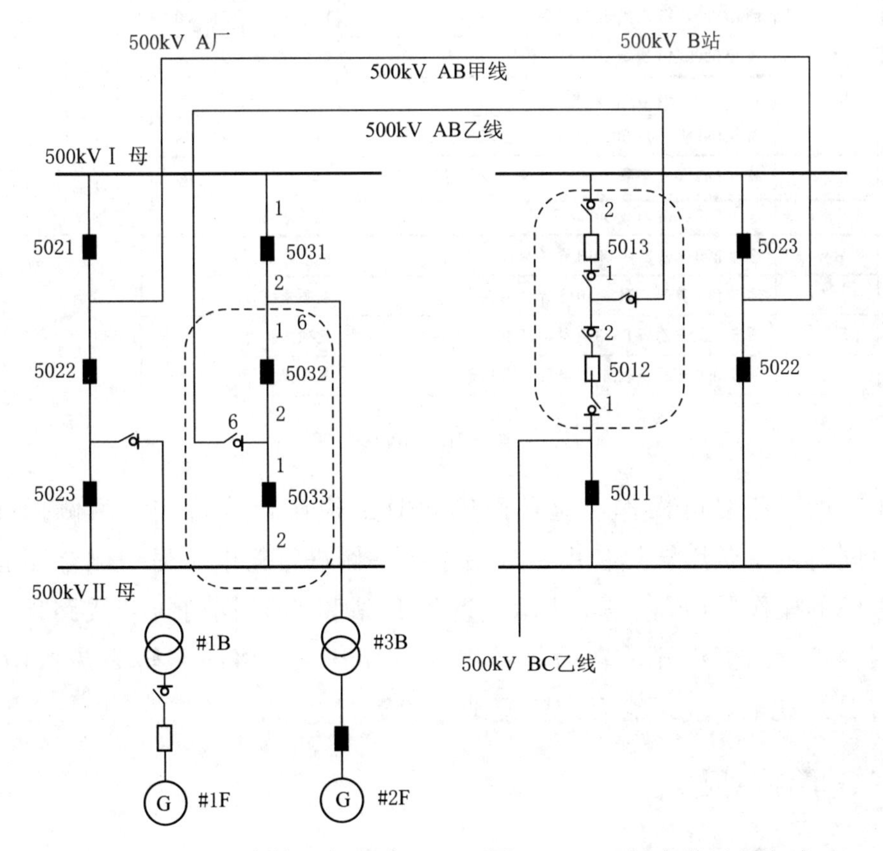

图5-1　A厂事前运行方式　　　图5-2　B站事前运行方式

二、事件经过

某日，500kV AB 乙线线路及 B 站内所有工作完工，按计划准备操作复电。在调度与现场核实具备复电条件后，调度员拟票进行复电操作并对照操作票向 A 厂、B 站下令，错误的操作票如图 5－3 所示。按照填写的调度操作票命令，A 厂拉开线路地刀，将线路转冷备用；B 站拉开线路地刀后，继续操作将线路转至热备用。由于 A 厂操作前两步过程中出现异常，操作暂停，未拉开线路侧地刀，出现了 500kV AB 线 A 厂侧线路处检修，B 站侧线路处热备用状态的情况，持续近 5 小时，如果 B 站侧线路开关偷合，将发生带地刀合闸的恶性误操作。

操作任务		500kVAB 乙线由检修转运行		
顺序	受令单位	操作项目	操作人	发令时间
1	A 厂	断开 500kV 第三串联络 5032 开关	XXX	21：00
		断开 500kVAB 乙线 5033 开关	XXX	21：00
		拉开 500kVAB 乙线 5033617 地刀	XXX	21：04
2	B 站	拉开 500kVAB 乙线 501367 地刀	XXX	21：04
		将 500kVAB 乙线 5013 开关由冷备用转热备用	XXX	21：04
		将 500kV 第一串联络 5012 开关由冷备用转热备用	XXX	21：04
3	A 厂	合上 500kVAB 乙线 50336 刀闸	此项未执行	
4	B 站	合上 500kVAB 乙线 5013 开关对线路充电	此项未执行	
		用 500kV 第一串联络 5012 开关同期合环	此项未执行	
	A 厂	用 500kVAB 乙线 5033 开关同期合环	此项未执行	
		用 500kV 第三串联络 5032 开关同期合环	此项未执行	

A 厂先操作完，再操作 B 站也没问题，但两侧同时下令就会出现线路一侧在检修，另一侧在热备用的短暂状态，存在带接地线合闸的误操作风险

图 5－3　错误的操作票

正确的线路复电操作，应是两侧同时由检修转冷备用，两侧操作完毕后，再同时由冷备用转热备用，最后选择一侧进行充电，另一侧合环运行。

正确的操作票如图 5－4 所示，首先 B 站和 A 厂同时拉开线路地刀转为冷备用；接着两侧将开关转为热备用或解环开关，将线路转为热备用状态；最后由 B 站充电，A 厂合环，恢复线路为运行状态。

三、事件原因

1. 直接原因

值班调度员操作前未认真核实电网运行方式、未开展操作风险分析就拟

操作任务		500kVAB 乙线由检修转运行		
顺序	受令单位	操作项目	操作人	发令时间
1	B站	拉开 500kVAB 乙线 501367 地刀	XXX	18：51
2	A厂	拉开 500kVAB 乙线 5033617 地刀	XXX	18：52
3	B站	将 500kVAB 乙线 5013 开关由冷备用转热备用	XXX	19：34
		将 500kV 第一串联络 5012 开关由冷备用转热备用	XXX	19：34
4	A厂	断开 500kV 第三串联络 5032 开关	XXX	19：34
		断开 500kVAB 乙线 5033 开关	XXX	19：34
		合上 500kVAB 乙线 50336 刀闸	XXX	19：34
5	B站	合上 500kVAB 乙线 5013 开关对线路充电	XXX	19：59
		用 500kV 第一串联络 5012 开关同期合环	XXX	19：59
6	A厂	用 500kVAB 乙线 5033 开关同期合环	XXX	20：08
		用 500kV 第三串联络 5032 开关同期合环	XXX	20：08

正确的操作，两侧同时由检修转冷备用

正确的操作，两侧同时由冷备用转热备用

图 5-4 正确的操作票

定调度指令票，且调度指令票未经“三审”就下令操作，存在恶性误操作风险。

2. 间接原因

值班调度员对电网调度管理规程、运行操作规定不熟悉，调度指令票操作逻辑违反规程规定，存在跨状态操作的情况。

四、暴露问题

（1）操作人未能按照规范填写操作票，操作票审核人及审批人未发现操作票隐患，未指正修改。

（2）操作票执行过程中，调度操作人下令不严谨，未正确识别操作步骤的先后逻辑顺序，操作监护人未严格履行对新上岗调度员适应期内的监护职责，值班负责人对操作关键节点把控不严，对已发现的操作隐患未能及时通知调度操作人。

（3）根据电网调度运行操作相关管理规定，交流线路操作时，线路单侧状态改变可使用线路单侧综合令，线路单侧综合令不允许使用跨状态令，只能使用运行↔热备用、冷备用↔检修的状态转换操作。本次操作已出现跨状态操作的情形。

（4）根据电网调度运行操作相关管理规定，线路各侧有明显的断开点后，才允许合上线路地刀和挂接地线，上述操作完毕后，值班调度员方能许可开工。本次操作中，B站线路已转热备用，与系统未有明显的刀闸断开点，但A厂地刀仍在合位。

五、整改措施

（1）规范调度操作命令票，严防调度误操作。

1）针对本次事件暴露的调度操作命令票不规范问题，各级调度机构须举一反三，梳理本级调度的命令票，对存在隐患和风险的命令票进行详细的分析和推敲，查缺补漏，及时采取措施消除隐患。

2）建立本级调度机构的典型命令票体系，确保所有调度命令操作正确无误。

3）各级调度机构要严格执行电网调度运行操作相关管理规定，严禁跨状态填写操作票，杜绝不规范操作现象。

（2）操作票严格执行“三审”制度，加强关键节点的把控，认真履行监护职责。

1）操作票严格执行“操作人自审，监护人审核，值班负责人审批并分别签名”的“三审”制度。

2）调度值班负责人加强对操作关键节点的把控，监护人认真履行监护职责，尤其对新上岗调度员。

案例二　某调度机构工作不当造成电厂安全稳定控制装置动作切机事件

一、事件基本概况

A电厂4机共1300MW，单机出力分别为：♯1机50MW、♯2机53MW、♯3机603MW、♯4机600MW，A电厂两套安全稳定控制装置投入正常；500kV AB甲线、AB乙线均正常运行［事件发生前，A电厂两套安全稳定控制装置执行新定值单，该定值单修改了1项定值，将“出线N－1故障”定值由2000改为800。定值修改原因为：增加A电厂出线N－1故障切机量，防止500kV AB双线其中一回线发生三相永久性故障（或单相故障重合不成功），另一回线单瞬故障时，A电厂发生功角失稳］。

A 电厂事前运行方式如图 5-5 所示。

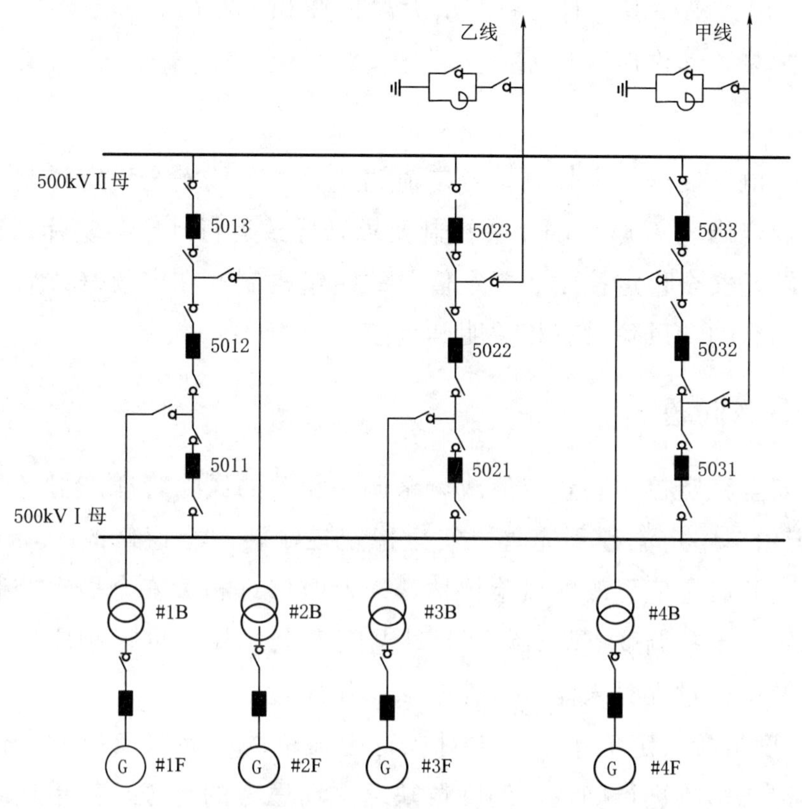

图 5-5　A 电厂事前运行方式

二、事件经过

某日，按照检修计划安排，500kV AB 甲线转检修开展计划工作，调度员下令操作按顺序断开 A 电厂 500kV 第三串联络 5032 及 500kV AB 甲线 5031 开关。

在 A 电厂断开 500kV AB 甲线 5031 开关后，A 电厂两套安全稳定控制装置正确动作，切除♯4 机，甩负荷 600MW（按照 A 电厂安全稳定控制装置策略，出线 N-1 故障后，切机量＝1278－800＝478MW，按照过切原则，切除排在第一序位的♯4 机 600MW）。

三、原因分析

1. 直接原因

检修申请单中未指出 A 电厂安全稳定控制装置定值调整后，500kV AB

甲线停电操作时应将A电厂出力控制在800MW以内的控制要求，实际安排500kV AB甲线操作停电时，全厂出力超过800MW（达1300MW），导致安全稳定控制装置动作切#4机。

2. 间接原因

（1）A电厂安全稳定控制装置定值调整后，未按安全稳定控制系统相关调度运行规定修改A电厂的相关控制要求，导致运行规定与实际情况不符。

（2）缺乏安全稳定控制装置定值单的纠错机制，在定值修改后如何防范定值更改的影响和风险没有相关明确规定。

四、暴露问题

（1）安全稳定控制装置定值或策略调整相关的风险管理机制存在漏洞。

1）定值单整定流程不完善。安全稳定控制装置定值修改后，未能从制度和流程上开展定值更改的风险评估，未及时修订相关安全稳定控制系统调度运行规定，未在调度EMS画面上对电网安全风险点进行相应修改，导致检修批复及执行过程时未能有效控制该操作风险。

2）调度员接收定值单后，未对执行定值单的原因以及执行定值单后对电网运行造成影响进行确认，调度员缺乏主动思考的意识，简单地理解为按定值单执行即可。

（2）检修申请单审核、批准环节把关不严，对设备操作停电风险防控不到位。

1）在检修申请单审核环节，审核人员查询历史检修申请单及稳控系统调度运行规定，遗忘了安全稳定控制装置定值修改情况，导致在检修申请单批复时未能提出风险控制措施。

2）在检修申请单批准环节，审批人员未能及时发现停电操作可能带来安全稳定控制装置动作的风险，对风险的分析和认识不到位，批准时把关不严。

五、整改措施

（1）全面排查定值单整定计算管理制度，完善有关定值的整定、审核、批准、执行机制，建立完善各环节、相关人员的责任制，明确工作内容和工作要求。

（2）增加安全稳定控制装置定值单调整说明，明确定值单执行注意事项，及时揭示新安全稳定控制装置定值单给电网运行带来的变化，完善技术交底与风险防控制度，确保定值更改后与电网运行要求和规定相适应。

（3）明确安全稳定控制装置定值单调度执行规定，及时更新电网运行安全风险点，提高调度员对安全稳定控制装置定值单执行风险的把控能力。

案例三　某调度机构操作漏项事件

一、事前运行方式

正常运行方式下，110kV C 站、D 站、E 站、F 站均由 B 区电源供电，A 区与 B 区电网无直接电气联系；110kV 101 开关作为 A 区电网和 B 区电网的断开点。

事前运行方式如图 5－6 所示。

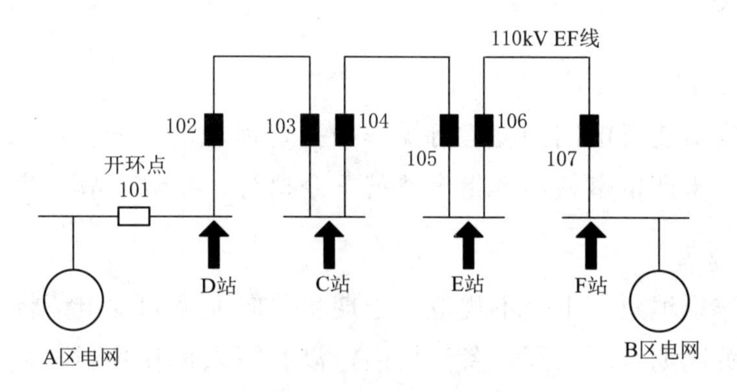

图 5－6　事前运行方式

二、事件经过

某日，按照工作计划将 110kV EF 线路转检修进行线路 π 接工作，C 站、D 站、E 站负荷改由 A 区电网供电。B 区电网值班调度员交接班后直接沿用上一个值班调度员填写的调度命令票，而调度命令未将“向上级调度机构申请 110kV 母联开关合环”写到操作项目，而填写到操作票备注栏。接班调度员在未认真审核操作票的情况下直接下令 110kV E 站断开 110kV EF 线 106 开关，导致 C 站、D 站及 E 站失压。操作所用的错误操作票见表 5－1。

表 5-1 错误操作票

操作任务		100kV EF线由运行转检修		
顺序	受令单位	操作项目	操作人	发令时间
1	E站	断开 100kV EF线 106 开关	×××	07：04
2	F站	断开 100kV EF线 107 开关	×××	未执行
3	E站	将 100kV EF线 106 开关由热备用转冷备用	×××	未执行
4	F站	将 100kV EF线 107 开关由热备用转冷备用	×××	未执行
5	……	…………………………………………	×××	未执行
6	……	…………………………………………	×××	未执行
备注	上级调度	申请C站用 100kV 母联 101 开关同期合环	本应写进操作项，作为操作的第一步，但写在备注栏	

三、事件原因

1. 直接原因

值班调度员违反电网调度运行操作相关管理规定，操作前未落实地区电网运行方式，未严格审核调度指令票就下令执行，导致事故发生。

2. 间接原因

（1）操作票填票、下令不规范。长期将“向上级调度申请将C站 110kV 母联 101 开关同期合环”写入备注栏内，没有写入操作项目栏内，也没有严格按规章制度执行操作票“三审”签字制度。

（2）调度管理不到位。对调度员普遍不规范填写调度操作指令票的习惯性违章行为未及时纠正。

（3）调度预令管理不完善。预令对象不明确，没有针对工作任务对各变电站分别下达操作预令，预令下发后缺乏有效的反馈闭环机制。

四、暴露问题

（1）本次事故充分暴露出部分员工“违章、麻痹、不负责任”，工作作风涣散、不严谨，工作偷懒、图省事，当值调度员直接将上一值调度员准备好的调度操作预令票当正式调度指令票执行。

（2）该单位虽然已制订C站110kV母联101开关开环方式下110kV EF线事故停电反事故预案，组织开展了年度例行演习并多次讨论，且单位领导就此联络线事故应急预案的演习和开环点等相关问题也曾多次进行指导，但仍发生联络线倒闸操作的误调度事故，充分暴露出该单位调度管理松懈，有关领导责任落实不到位等问题。

（3）对重要、复杂的运行方式改变，既未在审批的停电申请票上特别说明，也未按停电申请票的要求采用附图的方式详细说明方式改变前后电网的接线。

（4）调度员存在断层，年轻调度员缺少调度经验，对重大设备的停复电操作缺乏足够的敏感，日常培训、演习缺少反思总结，导致年轻调度员专业素质不能满足要求。

五、整改措施

（1）进一步规范调度操作命令票，严防调度误操作。

1）针对本次事件暴露的调度操作命令票不规范问题，需进一步严肃调度值班纪律，严格督促调度员遵守电网调度运行操作相关管理规定，坚决避免漏项操作的情况发生。

2）完善调度命令票、预令票管理制度，切实做好操作票的管理和检查，避免违章拟票。

3）增加技术防误手段，避免发生人为原因导致的误操作。

（2）操作票严格执行“三审”制度，认真履行监护职责。

1）操作票严格执行“操作人自审，监护人审核，值班负责人审批并分别签名”的“三审”制度。

2）调度值班分工明确，值班工作井然有序，值班负责人要加强对操作关键节点的把控，监护人认真履行监护职责，操作执行人应充分了解电网运行方式，保证值班期间责任落实到人。

（3）建立健全调度操作安全检查机制，加强调度员培训。

1）构建调度操作安全检查机制，定期对已执行的调度指令票进行抽查，发现问题及时纠正，必要时进行严肃考核，确保调度指令票得到规范执行。

2）加强培训管理，以老帮新，开展填写调度指令票练习，提高调度员的专业素质及业务技能。

3）做好运行操作风险分析，制定相应的管控措施并组织调度员培训，提升调度员预控、防控风险的能力和意识。

4）严肃交接班纪律，加强交接班管理，调度专业负责人定期检查交接班内容，发现问题及时纠正。

案例四　某调度机构安全稳定控制装置策略不完善造成区域安全稳定控制装置动作切负荷事件

一、事前运行方式

A 站、B 站、C 站、D 站、K 站为 500kV 系统，其余为 220kV 系统。500kV 变电站 A、B 电磁环网运行，A 站地区负荷约为 1337MW。500kV AC 线、AD 线有功功率分别是 107MW 及 12MW，方向均为送进 A 站。事前运行方式如图 5－7 所示。

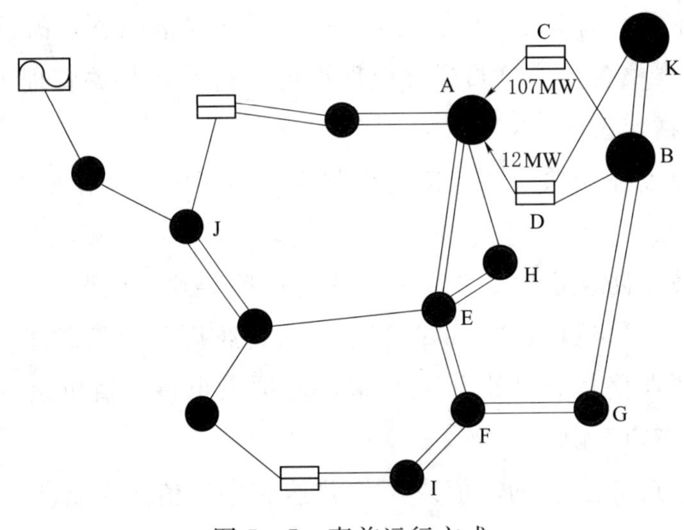

图 5－7　事前运行方式

二、事件经过

某日，500kV AC 线计划停电检修。停电前，因 500kV AD 线功率仅有 12MW，安全稳定控制装置误判 AD 线已停运（安全稳定控制装置未接入开关量，只判电气量），AC 线停电操作后，变电站 A 双套区域安全稳定控制装置误判 AD、AC 线一回检修、一回跳闸，满足“双线跳闸”安全稳定控制装置策略动作条件（实际上AD线在运行），变电站A安全稳定控制装置动作切除区域负荷39MW（J站15MW、E站13MW、I站11MW）。

调度按计划操作断开500kV AC线电厂C侧开关，A站双套区域安全稳定控制装置220kV FG双线过载控制策略出口切除负荷69MW，分别向220kV J站、I站发送远切负荷命令，实际切除负荷39MW（J站15MW、E站13MW、I站11MW）。

500kV A站安全稳定控制装置中设计了“AC、AD双线跳闸”控制策略，即：500kV AC、AD线同时跳闸，或一回检修、一回跳闸切负荷控制策略（投运定值50MW，动作定值50MW），以消除220kV FG线过载。策略作用是防止500kV线路跳闸后电磁环网的220kV线路FG过载。实际上，安全稳定控制装置策略不判断220kV线路是否过载，只判断500kV AC线、AD线停运，安全稳定控制装置就出口动作。

三、事件原因

1. 直接原因

500kV AC线停电前，500kV AD线功率仅有12MW（小于投运功率定值50MW），安全稳定控制装置判为停运；当操作C厂500kV AC线开关断开时，安全稳定控制装置判出AC、AD线一回检修、一回跳闸，满足“双线跳闸”控制策略动作条件，出口切除负荷。

2. 间接原因

（1）安全稳定控制装置策略防误判据不完善。500kV AD线未加入开关量的防误判据。

（2）在制定A站区域安全稳定控制装置策略时加入220kV FG线路过载控制策略，实际中采用A站500kV AC、AD线断面的投运和跳闸情况来间接判断220kV FG线的过载，而不直接判断FG线是否过载。

3. 管理原因

安全稳定控制装置策略审核程序不规范，安全稳定控制装置策略审核时，由调度中心分管安全稳定控制装置的副主任组织审查，参加单位为内部科室及设计院有关人员，未请相关专家会审。

四、暴露问题

（1）安全稳定控制装置策略防误判据不完善。

1）元件过载未采用直接过载判据，潮流易反转的元件投停判据未采用开关量辅助判据，因F站无安全稳定控制装置，220kV FG过载问题仅能依靠500kV AC线、AD线电气量变化间接判别。

2）500kV AD线投停判别仅采用电气量判别，未按照电网安全稳定控制技术规范要求采用开关量辅助判别。

（2）安全稳定控制装置站点的配置方案不周。在A站区域稳控系统建设过程中，因工程时间紧，对合环方式联络线重要性认识不到位，导致F站安全稳定控制装置建设滞后，安全稳定控制装置策略被迫采用间接判断的临时措施实现，对存在的风险未有效揭示并防范。

五、整改措施

（1）规范安全稳定控制系统功能并配置完善相应的管理机制。

1）根据国家相关标准制定《电网安全稳定控制系统功能配置指导原则》，明确安全稳定控制措施防范标准，规范安全稳定控制系统功能配置。

2）总结安全稳定控制系统管理工作经验教训，研究提出《加强和改进安全稳定控制工作的指导意见》，完善安全稳定控制系统全过程管理机制。

（2）消除现有安全稳定控制系统运行隐患并加强培训。

1）对照相关技术规范和反措要求，排查现有安全稳定控制系统存在的问题和隐患，制订计划、实施整改。消除不规范、不完善的安全稳定控制装置策略。

2）对现有安全稳定控制系统存在的隐患进行总结，形成运行操作危险点，在运行方式安排及调度操作中，应注意查看安全稳定控制系统危险点，防止正常操作等形成安全稳定控制装置误动。

案例五　某调度机构事故处置不当造成全站失压事件

一、事前运行方式

110kV部分：＃1、＃2主变、110kV 4回线路运行，110kV分段110断

路器运行。

35kV 部分：35kV 4 回线路运行，35kV 分段 310 断路器运行。

10kV 部分：10kV 馈线正常运行，10kV 分段 010 断路器运行。

某地区 110kV A 变电站运行方式如图 5－8 所示：

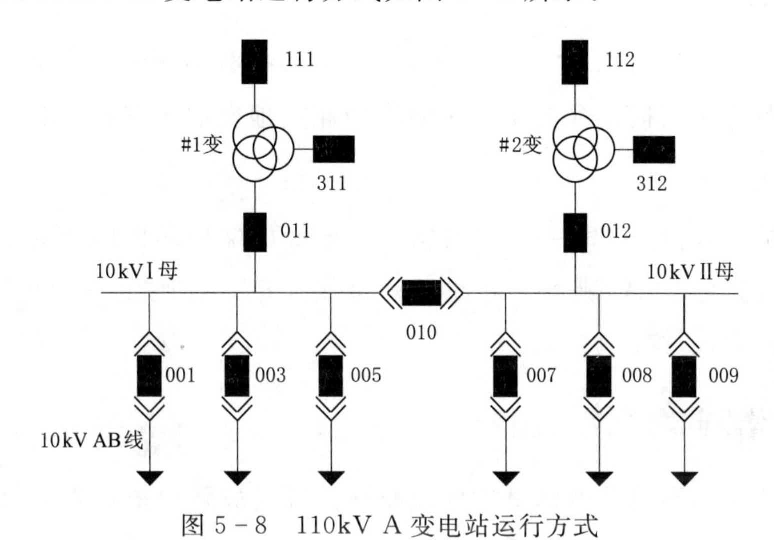

图 5－8 110kV A 变电站运行方式

二、事件经过

某日，10kV AB 线停电开展消缺工作，工作结束后在复电过程中发现 001 断路器小车机构卡涩，随即进行处理，处理结束后调度机构对 10kV AB 线复电。当调度遥控合上 10kV AB 线 001 开关对线路送电，监控系统发 A 变电站 10kVⅠ母、Ⅱ母接地告警信号。为查找接地故障，调度遥控断开 10kV 母联 010 开关，10kVⅡ母接地消失，判断 10kVⅠ母出线线路接地；随后合上 010 开关，试拉合 001 开关、005 开关，接地均未消失。5 分钟后，调度监控系统发＃1、＃2 主变低压侧过流Ⅰ段 1 时限出口动作跳 010 开关信号，3 秒后调度监控系统发＃1 主变低压侧过流Ⅰ段 2 时限出口动作跳 011 开关信号，10kVⅠ母失压，调度通过遥控断开 10kVⅠ母所有出线开关时，均操作失败，随即转巡维人员操作断开 10kVⅠ母所有出线开关进行故障排查。由于 10kVⅠ母失压导致用户停电，用户不停催促要求尽快复电。为尽快恢复送电，调度令巡维人员合上＃1 主变变低压 10kV 011 开关对 10kVⅠ母充电，开关合上后，＃1 主变起火、站用变失压，监控机、保护屏装置失电。最终由对侧 110kV 线路后备保护切除故障，造成

110kV A变电站失压。

三、事件原因

1. 直接原因

10kV AB线001开关A、C相动、静触头接触不到位，发生持续间歇性放电，导致绝缘受损，开关靠母线侧从C相接地发展为三相短路。

2. 间接原因

调度员在未核实现场一次设备状态、未确认保护动作信息的情况下，下令合上#1主变10kV侧011断路器对母线充电，合闸至三相短路故障点，造成事件扩大。

四、暴露问题

（1）调度员不熟悉电网事故处理原则，母线故障停电后未对母线外部进行检查，未确认一次、二次设备有无异常就盲目送电。

（2）调度员对继电保护动作信息分析判断能力不足，未结合故障信息组织查找故障点就盲目组织送电。

（3）调度员应急处置能力不强。

（4）调度员在电网故障处置过程中受到服务调度、供电所、客户的电话询问、催促，值班调度员没有正确处理干扰信息，盲目送电。

五、整改措施

（1）组织调度员认真学习电网调度管理规程相关规定，让调度员清楚掌握电网故障处置原则及方法。

（2）组织开展继电保护原理培训，提升调度员在继电保护动作后对故障的分析判断能力。

（3）定期组织调度员开展反事故演练、事故预想等，通过演练不断提升调度员应急处置能力和协同配合能力。

（4）进一步梳理并完善电网故障情况下调度员职责分工以及应急处置流程，完善应急处置机制并组织调度员开展培训，切实提升调度员应急响应能力。

案例六　220kV A 站 220kV 母差动作事件

一、事前运行方式

220kV 系统：220kV 母线采用双母双分段接线方式，220kV Ⅰ母处于检修状态（进行 A 站 220kV 线路间隔一次设备接入安装及调试）；220kV Ⅱ母运行，AD 一线、AD 二线、220kV＃1 主变均接于Ⅱ母运行。事前运行方式及故障点如图 5－9 所示。

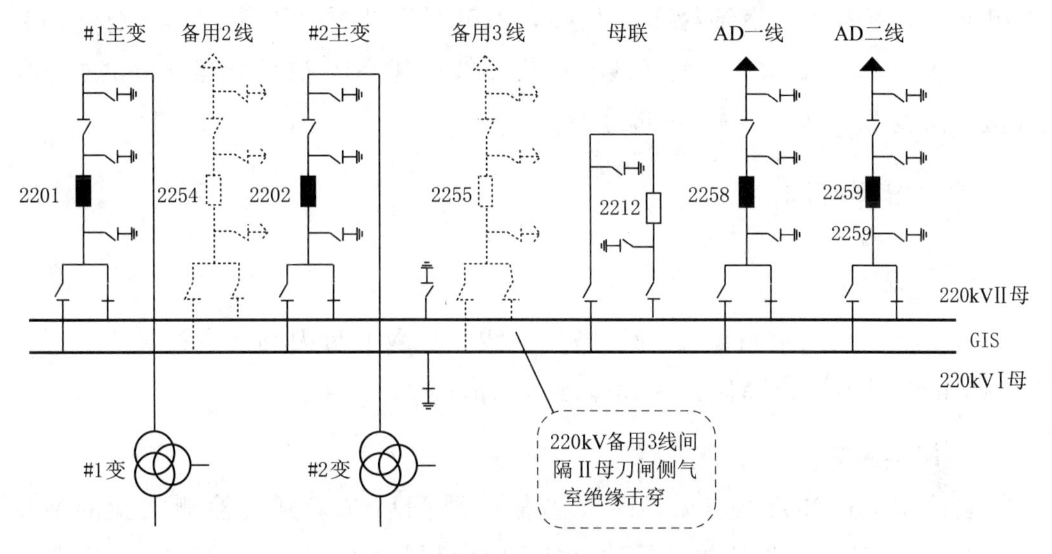

图 5－9　事前运行方式及故障点

二、事件经过

某日，施工单位按计划对 220kV 备用 2 线、备用 3 线扩建间隔接入 220kV＃Ⅰ母刀闸，220kV Ⅰ母转检修，220kV Ⅱ母运行。

220kV 备用 3 线扩建间隔对接 220kV Ⅰ母刀闸后，对 220kV 备用 3 线＃Ⅰ母刀闸气室进行抽真空，施工过程中工作人员误接入带电运行的 220kV Ⅱ母刀闸气室，导致 220kV 备用 3 线＃2 母侧刀闸压力降低，A 相接地短路。A 站 220kV 母差 A、B 屏“Ⅱ母差动保护动作”，跳开 220kV Ⅱ母上所有开关，220kV Ⅱ母失压，同时 220kV AD 一线、AD 二线光差保护发远跳令，D 站跳开 AD 一线、AD 二线开关。调度员立即要求 A 站集控站派人到现场检查一次、二次设备情况（A站为无人值守站）。为尽快恢复供电，调度员直接跨过调度专业负责人向部门分管领导请示并得到领导同意（调度员和分管领导并未意识到GIS设备跳闸后需进行相关试验，试验合格后方可送电），随即调度员通过D站220kV AD一线强送恢复A站220kVⅡ母，当调度令集控中心远方操作合上A站220kV AD一线2258开关后，A站220kV母差A屏、B屏“Ⅱ母差动保护动作”，ABC三相短路故障，跳开220kV AD一线开关，同时220kV AD一线光差保护发远跳令，B站跳开AD一线开关。

次日，检修人员到达A站现场，经检查发现A站220kV备用3线220kVⅡ母侧刀闸气室绝缘击穿故障，220kVⅡ母暂时不能恢复运行。拟恢复220kVⅠ母。220kV备用2线、备用3线扩建GIS抽真空充气后微水试验合格，恢复220kV A站#Ⅰ母运行。

三、事件原因

1. 直接原因

施工人员误对运行的220kV备用3线220kVⅡ母刀闸气室抽真空，导致220kVⅡ母刀闸压力降低，A相接地短路故障。

2. 间接原因

当值调度员违反规定，GIS设备故障跳闸后在未开展检测试验的情况下，下令对GIS母线充电，导致母线侧刀闸气室绝缘击穿故障，再次跳开220kVⅡ母220kVAD一线开关。

四、暴露问题

（1）调度员对GIS母线故障导致失压处置原则不清楚，未待现场开展GIS设备试验就下令对GIS母线进行强送，违反电网调度运行操作管理相关规定。

（2）故障信息报送不及时。设备故障跳闸后当值调度员未按要求及时上报上级调度机构。

（3）调度运行指挥混乱。值班调度员未按要求直接将电网故障跳闸信息汇报调度专业负责人，而是越级上报部门领导，因部门领导对GIS母线故障处置原则不清，盲目指挥调度员进行故障处置，扰乱了调度运行指挥秩序。

（4）220kV A 站由集控中心监控，A 站开展检修工作，却由 220kV D 站申报检修申请，但集控中心对检修工作情况并不清楚，调度员分别对集控中心和 D 站下令操作 A 站设备，调度检修申请票受理、调度下令环节明显存在安全隐患，无人值班站和集控中心的管理存在漏洞，调度运行管理混乱。

五、整改措施

（1）组织调度员对电网调度管理规程进行学习培训及考核，使调度员熟练掌握电网故障处置原则并应用于实践。

（2）规范电网故障信息汇报流程及要求，确保电网故障后调度员能快速、准确汇报电网故障信息。

（3）针对事故暴露问题，组织调度员和变电运行值班员、集控中心值班员开展安全反思和讨论，举一反三并抓好存在问题整改落实，避免类似事故发生。

（4）梳理各级调度机构调度员及监控中心、集控中心、监视中心值班员所需告警信息需求，制定电网运行分级分类告警实施细则，突出关键告警信息。

（5）研究制定并完善关于无人值班站管理的技术规范和管理制度，确保无人值班站满足系统运行要求。

案例七　某调度机构带负荷拉（合）刀闸恶性误操作事件

一、事前运行方式

110kV 设备运行方式：110kV AC 线、＃1 主变在 110kV Ⅰ母上运行，110kV AB 线、＃2 主变在 110kV Ⅱ母上运行，110kV 母联开关断开。

35kV 设备运行方式：＃1 主变、某厂线、AD 甲线在Ⅰ母上运行；＃2 主变、AD 乙线、AE 线在 35kV Ⅱ母上运行，35kV 母联 35122 刀闸在断开位置。

10kV 设备运行方式：＃1 主变带 10kV Ⅰ母，＃2 主变带 10kV Ⅱ母，10kV 母联开关断开。

110kV A 站主接线图如图 5－10 所示。

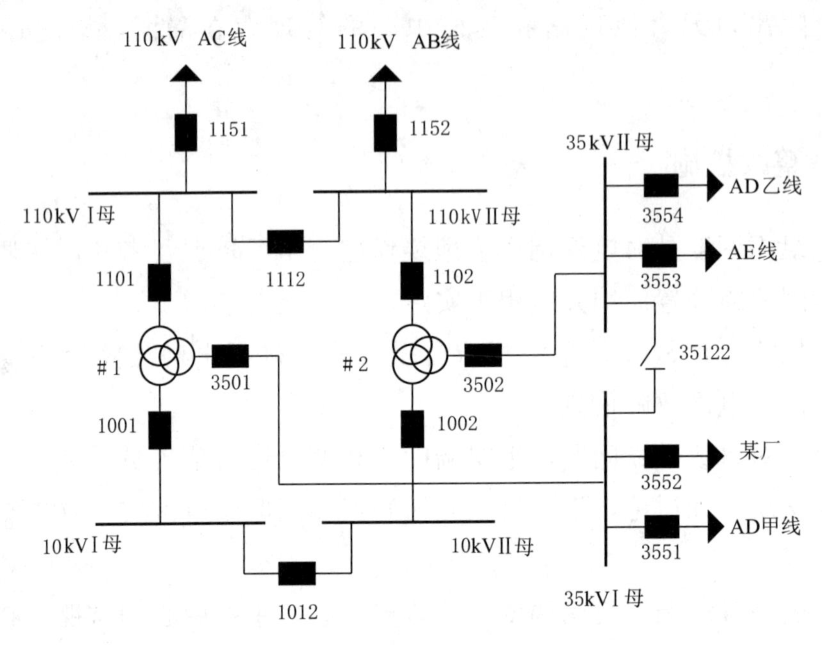

图 5－10 110kV A 站主接线图

二、事件经过

某日，A 站运行人员在巡视时发现 10kVⅠ母线桥靠＃1 主变侧绝缘绑扎带松脱，申请将＃1 主变停电转检修进行处理。为提高供电可靠性，需调整电网运行方式，即分别将 10kV 母联 1012 开关转运行并合上 35kV 母联刀闸 35122。

在＃1 主变检修工作结束后，调度对该站运行方式进行调整并恢复原方式运行，即“将＃1 主变由检修转运行”“将 10kV 母联开关 1012 由运行转冷备用”“拉开 35kV 母联刀闸 35122”。

在调度员下令拉开 35kV 母联刀闸 35122 时，刀闸出现弧光短路，＃1 主变复压闭锁方向过流保护动作跳三侧开关，＃2 主变复压闭锁过流保护动作跳高压侧开关，造成 110kV A 站全站对外停电。同时，110kV AE 线 E 站侧相间距离Ⅲ段保护（保护失配点）正确动作跳闸，重合成功。事故损失负荷 2.35 万 kW，35kV 户内支柱绝缘子部分受损。

三、事件原因

1. 直接原因

某调度机构调度员对调度规程不熟悉，理解不透彻，未充分评估操作风险，违反调度管理规程及电气操作导则，下达了错误的调度指令“拉开35kV母联刀闸35122”，属于带负荷拉刀闸的恶性误操作行为，这明显违反操作规程“严禁用刀闸拉合带负荷线路及设备”的要求，现场值班员对指令未提出异议，盲目执行，造成带负荷拉刀闸。

2. 间接原因

(1) 由于35kV母联开关从一次回路上拆除，35kV母联刀闸35122未能接入站内微机五防闭锁系统，不能有效防止人为误操作。35kVⅠ母、Ⅱ母只通过35kV母联刀闸联络的接线方式，其刀闸操作在运行方式转换时容易产生误操作，但某调度机构、变电站均未作出明确的操作规定（特别是禁用方面的具体情形），调度员、现场运行人员对基本的电气运行倒闸操作原则都不熟悉，操作中的危险点认识不足。

(2) 调度机构下达＃1、＃2主变中后备保护新定值，投入复合电压方向过流保护功能，现场执行时存在没做极性测试试验、没有核对保护控制字与保护压板投退等情况，导致＃1主变中压侧后备保护电流极性接反未查出，＃2主变中压侧后备保护漏投硬压板，造成＃1、＃2主变中后备保护均未正确动作跳本侧开关切除故障，由高后备保护越级动作，两台主变失压，扩大停电范围。

四、暴露问题

1. 人员专业技术水平低。

(1) 调度员、运行人员对调度规程、操作导则不熟悉，理解不透彻，均认为两段母线刀闸35122可以分合35kV母线环流（认为两段母线电压相等，没能正确理解调度规程中的“允许用刀闸拉合220kV及以下电压等级无阻抗的环流”含义）。

(2) 调度员、运行人员麻痹大意、不负责任，在1012开关转冷备用后，35kVⅠ母、Ⅱ母分列运行的情况下，仍然没有意识到电气运行方式已发生变化，仍继续操作拉开35122刀闸，造成带负荷拉刀闸。

2. 生产管理不到位。

设备增加、异动，系统发生变化后未及时修编现场运行规程、未合理调整运行方式，未进行危险点分析及风险评估与预控；对35kV母联开关缺陷长时间未消除、35kV母联刀闸35122无防误闭锁情况未监督整改。

五、整改措施

（1）进一步规范调度操作命令票，严防调度误操作。调度机构要严格执行电网调度运行操作管理相关规定，严格遵守相关规程规定，加强安全风险意识，确保调度命令规范、准确无误，杜绝误操作事件。调度机构要强化调度员培训，提高对复杂接线方式和电网运行危险点的理解和掌握。

（2）建立健全调度操作安全检查机制，加强调度员培训。切实做好操作票的管理和检查，完善调度命令票、预令票管理制度，及时排查隐患并整改。加强培训管理，以老帮新，加强典型操作票的学习，提高调度员的专业素质及业务技能。

案例八 某调度机构带地线合闸送电恶性误操作事件

一、事前运行方式

110kV系统：110kV AB线、＃1主变在110kV Ⅰ母上运行，110kV AC线、＃2主变在110kV Ⅱ母上运行，110kV母联开关运行。

10kV系统：＃1主变带10kV Ⅰ母，＃2主变带10kV Ⅱ母，10kV AD线、10kV AE线在10kV Ⅰ母上运行，10kV AF线、10kV AG线等在10kV Ⅱ母上运行，10kV母联开关运行。

110kV A站主接线图如图5-11所示。

二、事件经过

某日，A站10kV AE线支线断线故障，引起线路保护动作跳闸。为处理缺陷，某县调将A站10kV AE线转检修配合故障支线隔离并处理支线断线缺陷（已不属于事故处理，线路单位并未上报书面申请）。在此期间，

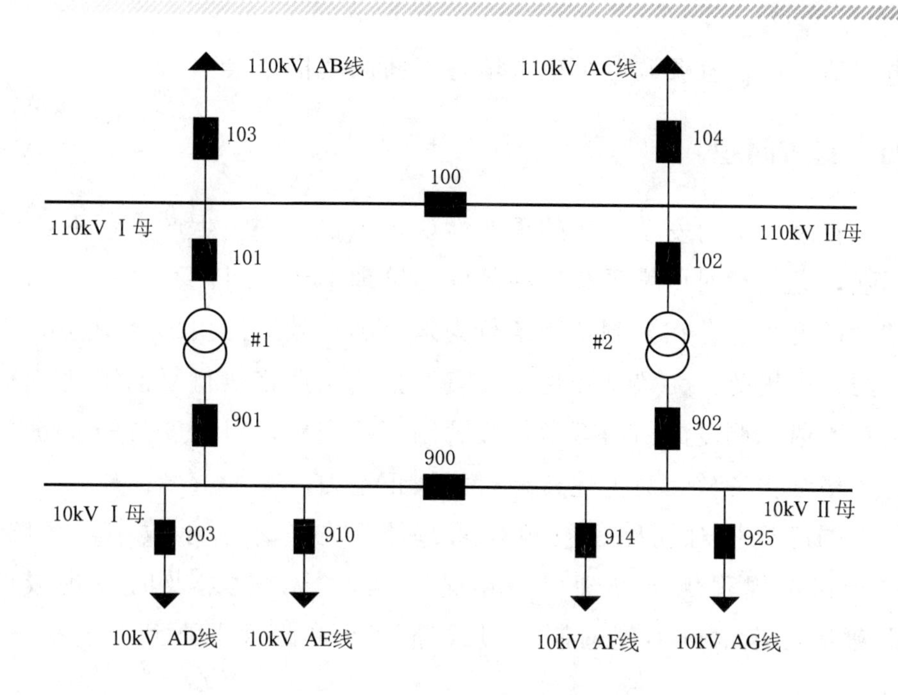

图 5-11 110kV A 站主接线图

10kV BH 线路检修（计划检修工作）。10kV BH 线路检修工作结束后，线路运维单位向县调值班员汇报，10kV BH 线路工作已结束，线路具备复电条件，而县调值班调度员误认为 10kV AE 线工作已结束，线路具备送电条件。线路运维单位向县调调度员汇报时该调度员未进行复诵，也未做相应记录。于是就安排 10kV AE 线复电，而 10kV AE 线工作并未结束，线路有临时安全措施，不具备复电条件。当县调调度员下令合上 A 站 10kV AE 线 910 开关后 910 开关跳闸，最终导致了"带地线合闸送电的电气恶性误操作"事件发生。

三、事件原因

1. 直接原因

县调当班调度员思想麻痹，有章不循。线路运行单位向调度员汇报时，调度员未进行复诵，未认真做好记录，造成汇报信息接收错误。

2. 间接原因

县调调度员存在对事故处理的概念理解不透、执行不严的情况。A 站 10kV AE 线检修工作已不属事故处理，线路运行单位未向调度机构办理书面停电申请手续，县调调度员也未填写书面调度指令票。

四、暴露问题

（1）管理人员对安全生产的重要性认识不足。安全生产管理不到位，执行力不强，尤其是对调度系统存在的问题管理不严、纠正不力。

（2）调度管理存在漏洞，违章行为未得到有效遏制。部分调度员未严格执行“两票”规范，无票操作现象时有发生；未严格执行复诵制度，未规范使用调度术语；调度部门内部考核奖惩制度不完善，对调度员的业务工作没有进行严格细化考核，对上述违章行为纠正不力。

（3）调度机构对线路运行单位管理不到位。本次事故中，线路运行单位未严格按规程规定办理停电申请手续，县调也未及时发现或纠正，暴露出习惯性违章得不到遏制、对线路运行单位管理不到位、执法不严等问题。

（4）安全监督，管理不到位。调度专业负责人也曾发现个别调度员存在接令、发令不复诵的违章行为，只是口头提出纠正，未形成文字通知要求整改，未进行严格考核，对整改情况没有进行监督检查。

（5）调度员业务能力不强。县调调度员业务能力不强，专业素质较差，调度经验不足。

五、整改措施

（1）组织生产运行人员加强对标准制度的学习培训和宣贯，切实提升生产运行人员的基本业务技能，营造“遵章守纪，关爱生命”的良好氛围。

（2）加强调度运行管理。加强对“两票”执行情况的检查，完善调度运行系统的软硬件配置，加快变电站“安健环”的建设，按相关要求加强对防误装置的管理，尤其是进一步规范事件处理和紧急缺陷处理的运作流程，强化执行力度，从根本上杜绝误调度恶性误操作的发生。

（3）有针对性地组织开展员工岗位操作技能和安全技能的教育培训工作。从基本技能抓起，切实提升员工的综合素质，培训考核不合格者不允许上岗。

案例九　某调度机构误调度导致全站失压的恶性误操作事件

一、事件前运行方式

事故前110kV A站由110kV AB线单电源供电（110kV CA线A站侧开关热备用，110kV DA线在检修状态），当时A站负荷为38MW。

110kV B厂主接线图及区域拓扑图分别如图5-12和图5-13所示。

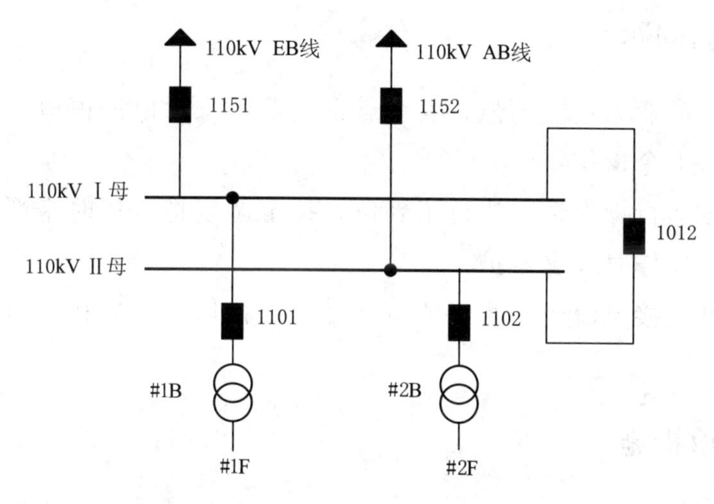

图5-12　110kV B厂主接线图

二、事件经过

某日，B厂向某调度机构申请停电进行#2主变吊芯工作。为配合此项工作，110kV AB线及B厂110kV #Ⅱ母需陪停。调度员在未认真核实电网运行方式的情况下就下令将B厂110kV母联1012开关由运行转冷备用（110kV CA线A站侧开关热备用，110kV DA线在检修状态），最终导致A站全站失压。

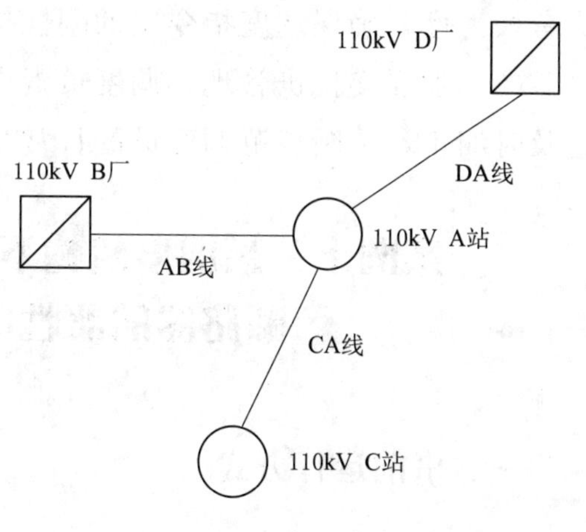

图5-13　110kV B厂区域拓扑图

三、事件原因

1. 直接原因

调度机构调度员未认真进行交接班，线路停电前未认真核对电网运行方式以及其他检修计划安排，就直接下令操作。

2. 间接原因

调度运行操作管理不到位，未严格执行监护制度，调度监护人对调度操作人的动作行为疏忽大意，调度操作人在下令前未请监护人进行监护。

四、暴露问题

（1）调度员业务技能不强，安全意识淡薄，未对电网停电面临的风险进行评估就盲目下令操作。

（2）调度运行操作标准执行不到位，拟定调度指令票时未严格进行“三审”就执行，操作时失去监护。

（3）调度交接班流于形式，值班调度员对检修工作安排、电网运行方式等不清楚。

五、整改措施

（1）组织调度员学习电网调度运行操作管理相关规定，定期开展安全教育，提升调度员的基本业务素质和安全意识。

（2）加强对调度指令票抽查和检查，发现存在问题及时通报并纠正，加大考核力度，确保调度指令票的刚性执行。

（3）加强交接班管理，调度负责人每周参与一次调度交接班，对存在问题及时纠正，不断规范调度员的日常工作行为，培养良好的工作习惯。

案例十　某调度机构下令漏项导致带接地线合断路器的恶性电气误操作事件

一、事前运行方式

35kV A 站：10kV AB 线 027 开关处冷备用，10kV AB 线 0276 刀闸靠

线路侧的#1三相短路接地线L1已拆除。

35kV D站：10kV CD线082开关处检修，10kV CD线0826隔离刀闸靠线路侧的#2三相短路接地线L2未拆除，且与10kV CD线通过N15杆塔与10kV AB线在N44杆完成搭接。

事前运行方式如图5-14所示。

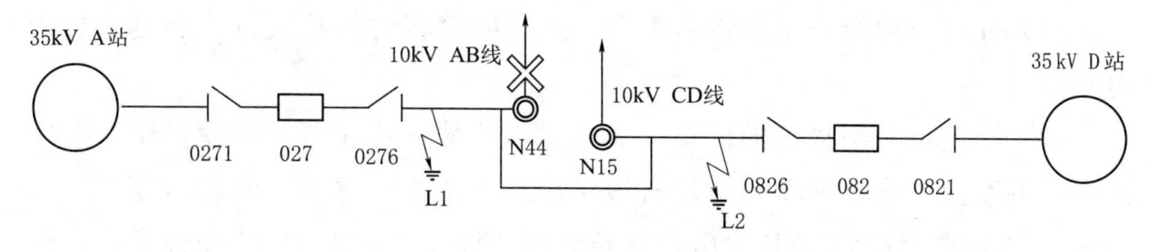

图5-14 事前运行方式

二、事件经过

某日，按照检修计划安排，调度机构需将35kV A站10kV AB线以及35kV D站10kV CD线转检修开展10kV CD线N15杆塔与10kV AB线在N44杆搭接工作。工作结束后，调度机构下令拆除10kV AB线路0276刀闸靠线路侧的#1三相短路接地线L1，而调度员误认为35kV D站10kV CD线0826刀闸靠线路侧所挂的#2三相短路接地线L2不影响35kV A站10kV AB线的恢复送电操作，且临时检修申请中未附图说明改接后的接线方式和复电后的带电范围，调度员对搭接后的网络接线方式不清楚，造成填写的调度操作指令票漏项，调度员连续两次下令对10kV AB线送电，导致带接地线L2合断路器的恶性电气误操作事件。

三、事件原因

1. 直接原因

县调调度员在恢复35kV A站10kV 027开关AB线送电时，漏拆已装接在35kV D站10kV CD线线路侧#2三相短路接地线L2，造成带接地线合开关的恶性电气误操作。

2. 间接原因

对于“将35kV A站10kV 027开关AB线由检修转为运行”的操作任务

没有理解停电申请的相关批复内容，对搭接后的网络接线方式不清楚，造成漏项操作。

四、暴露问题

1. 生产环节

(1) 在临时检修申请中没有附图，未说明改接后的接线方式和复电后带电范围。

(2) 调度员对搭接后的网络接线方式不清楚，造成填写调度操作指令票漏项，调度操作指令票填写前没有核对接地（开关）线装拆记录。

(3) 在进行10kV AB线由检修转运行的操作中，由于一条35kV线路跳闸，监护人随即进行事件处理，造成复电操作调度员失去监护。

2. 管理环节

(1) 当值调度员业务素质不高，对线路改接后的系统运行方式不清楚就盲目下达调度指令。

(2) 图纸管理不规范，前期接入10kV AB线两台配变后图纸未及时更新。

(3) 未明确规定“接地线（开关）装拆记录”填写完后如何使用。35kV B站的接地线（开关）装拆记录与县调的接地线（开关）装拆记录不一致。

(4) 检修申请填报不详细，未在检修申请中对停电作业中存在的风险点进行附图分析，导致调度员对现场实际情况不掌握。

五、整改措施

(1) 进一步规范调度操作命令票，严防调度误操作。

1) 调度机构要严格执行电网调度运行操作管理相关规定，严格遵守相关规程规定，加强安全风险意识，确保调度命令规范、准确无误，杜绝误操作事件。

2) 对于线路施工改接较为复杂的工程，应提前做好策划并对危险点进行分析，制定相应的管控措施，让调度员清楚掌握改接后的电网接线方式。

3) 检修申请批复环节应层层把关，严禁将填报、审批不完善或者存在问题的申请流转至调度台执行。

（2）建立健全调度操作安全检查机制，加强调度员培训。

1）切实做好操作票的管理和检查，完善调度命令票、预令票管理制度，及时排查隐患并整改。

2）加强培训管理，以老帮新，加强典型操作票的学习，提高调度员的专业素质及业务技能。

案例十一　某调度机构工作不当造成安全稳定控制装置动作切除电厂机组事件

一、事件前运行方式

A电厂＃1、＃3机通过220kV AB线、AC双线并入L地区电网。＃1、＃3机出力分别为520MW、130MW，AB线、AC双线断面功率610MW。A电厂A套安全稳定控制装置退出配合J区域安全稳定控制装置系统联调，B套投入运行。

事前运行方式如图5－15所示。

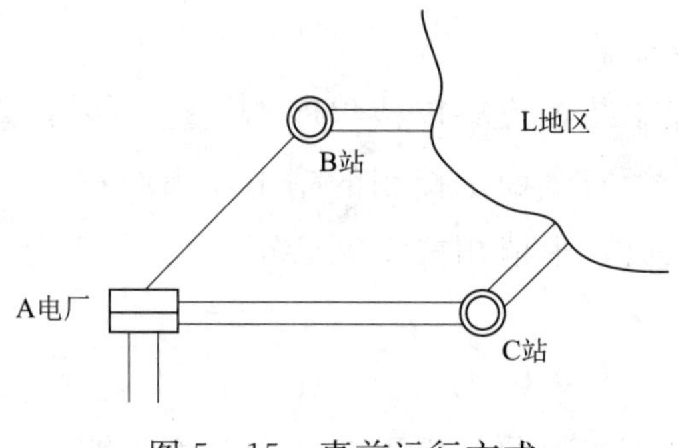

图5－15　事前运行方式

二、事件经过

某日，A电厂＃1、＃3机运行，＃1机因给水泵故障导致锅炉给水流量低，MFT保护动作跳＃1机，甩负荷520MW，进而导致220kV AB线功率由A电厂送出230MW变为受入65MW，A电厂B套安全稳定控制装置误判220kV AB线跳闸（A套退出），B套安全稳定控制装置动作切除＃3机，甩负荷130MW。

安全稳定控制装置策略：220kV AB线、AC双线断面存在暂稳问题，断面暂稳极限为430MW，安全稳定控制装置策略采取当AB线、AC双线断面有功超过400MW时，出现220kV AB线N-1故障将全切电厂并L区侧机组。

存在问题：220kV AB线控制策略未加入开关量的防误判据，违反电网安全稳定控制系统相关技术规范中“对于潮流容易反转的线路或主变跳闸判据宜采用开关量信号加电气量信号综合判断，防止误判”的要求。

安全稳定控制装置动作前，220kV AB线、AC双线断面有功为610MW（AB线有功230MW，AC一线有功185MW，AC二线有功195MW），A电厂#1机跳闸后220kV AB线潮流出现反转，安全稳定控制装置误判220kV AB线跳闸，进而启动切机策略。

三、事件原因

1. 直接原因

A电厂#1机组动作跳闸甩负荷520MW，导致220kV AB线功率反转。

2. 间接原因

（1）安全稳定控制装置策略防误判据不完善。220kV AB线控制策略未加入开关量的防误判据。

（2）安全稳定控制装置策略审核程序不规范。安全稳定控制装置策略审核时，由调度中心分管安全稳定控制的副主任组织审查，参加单位为内部科室及设计院的有关人员，未请相关专家会审。

四、暴露问题

（1）相关专业对业务问题分析不全面，深度不够。

1）策略编制时，对防误判据考虑不充分。对运行方式变化导致功率过零可能造成的误动未加入相应的防误判据，对A电厂大小机同时运行时的电网风险评估不足。

2）A电厂#1机并网后，L地区电网运行方式发生较大变化，对安全稳定控制装置的适应性及误动风险分析不足、深度不够，对因此带来的风险揭示不到位、未得到有效控制。

（2）审核程序不规范，安全生产意识不足。安全稳定控制装置策略审核未严格按流程执行，审核由调度中心分管安全稳定控制装置的副主任组织，参加单位为内部科室及设计院的有关人员，未请相关专家会审。

五、整改措施

（1）对照相关技术规范和反措要求，排查现有安全稳定控制系统存在的问题和隐患，制订计划、实施整改。及时消除不规范、不完善的安全稳定控制策略，避免类似事件再次发生。

（2）对安全稳定控制系统存在的隐患进行总结，形成运行操作危险点，在运行方式安排及调度操作中，应注意查看安全稳定控制系统危险点，防止正常操作导致安全稳定控制装置误动。

案例十二 220kV 线路带地刀合开关恶性误操作事件

一、事前运行方式

220kV CD 线 C 站侧间隔开关在冷备用状态，线路在检修状态，D 电厂线路及间隔开关均在检修状态。220kV CD 线两侧开关间隔、线路属不同调度机构调管，B 调度是 A 调度的上级调度机构，B 调度调管 220kV CD 线 D 电厂侧开关及线路接地刀闸，A 调度调管 220kV CD 线线路、C 站开关以及线路接地刀闸，220kV CD 线停复电操作需 A 调度和 B 调度共同配合操作。

事前运行方式如图 5－16 所示。

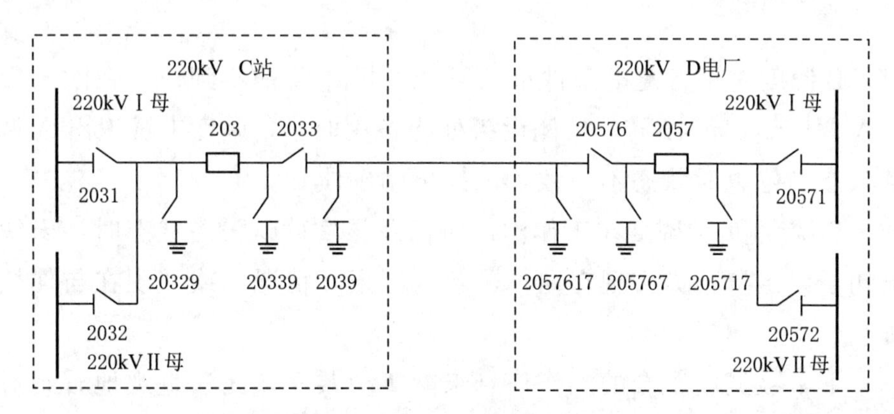

图 5－16 事前运行方式

二、事件经过

某日，220kV CD 线转检修，D 电厂进行开关间隔 GIS 设备综合年检、阻波器拆除、保护定检等年度定检，所有工作结束后，B调度通过D电厂侧220kV CD线2057开关对线路充电时（C站侧间隔转为冷备用状态），开关三相不一致保护动作跳闸，开关异常，B调度机构决定停电检查处理。

为配合检查D电厂侧开关异常跳闸情况，B调度下令A调度配合操作220kV CD线C站侧开关间隔，再次转为检修，即通过A调度下令C站侧合上线路2039地刀。异常检查处置结束后，B调度和A调度相互核实两侧的设备状态，两侧开关均处冷备用（而A调度并未意识到之前为配合D电厂处置异常已将220kV CD线C站侧线路2039接地刀闸合上）。

当B调度命令D电厂合上CD线2057开关对线路充电后，2057开关保护动作跳开2057开关，经检查核实C站侧2039线路接地刀闸在合位。

三、事件原因

1. 直接原因

A调度机构当值调度员未认真核实设备状态，凭印象判断设备在冷备用状态，并回复B调度机构线路具备送电条件。

2. 间接原因

两级调度机构之间，操作票、口头命令等使用不规范、不明确，工作协商内容多、刚性命令少，导致调度命令与工作协商混淆。

四、暴露问题

（1）B调度对设备复电条件审核不严，操作监护不到位。在配合操作过程中，A调度错误汇报了C站侧设备处冷备用时，B调度未辨识出A调度调管设备状态与停电时状态不一致，未提出明确质疑。

（2）B调度和A调度在工作沟通协商及核实确认设备状态时，未使用标志性语句予以区分：如“现在向你了解（汇报）情况”或“现在与你核实设备状态”。

（3）上下级调度配合的操作信息未能实现共享，无法直观地看到对方操作进展的情况。

（4）调度员培训不到位，考核不严。

（5）调度系统专业管理存在薄弱环节，对各级调度的操作管理、用语规范方面存在的问题不掌握，监督、检查和指导不到位。

五、整改措施

（1）制定防范调度人为误操作的工作措施，加强对调度运行操作规范性管理，防范人为误操作事件发生。

（2）进一步规范明确“配合操作”的操作流程和规范，细化设备状态核实要求，提高配合操作安全水平。

（3）加快推进网络发令的开发应用，实现操作信息共享，提升调度下令操作的规范性，在确保安全的前提下提升操作效率。

（4）明确调度沟通协商与调度下令的标志性语句规范，避免调度工作沟通协商与调度下令区分不明确等情况发生。

（5）进一步明确值内分工，明确操作监护内容，落实操作监护措施。

案例十三　某供电局恶性误操作事件

一、事前运行方式

某电网按计划处理220kV A站201断路器频繁打压故障，征得省调同意后，进行220kV A站201断路器间隔停电操作。

事前运行方式如图5-17所示。

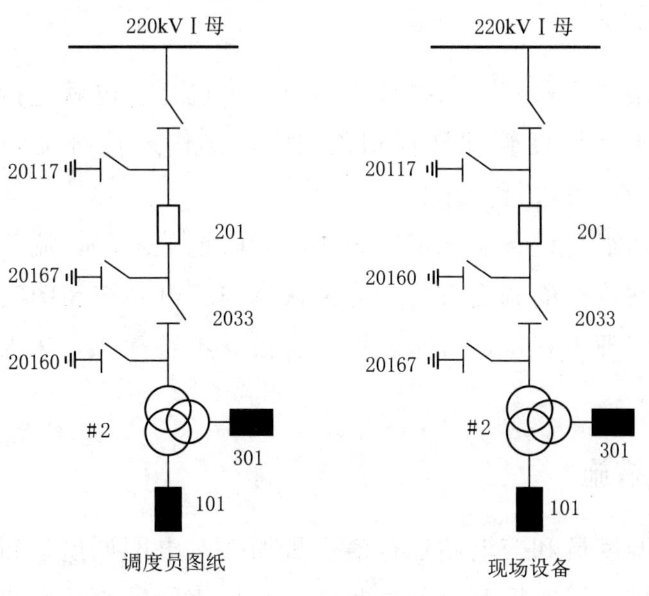

图5-17　事前运行方式

二、事件经过

某日，因 220kV A 站 201 断路器频繁打压故障，征得省调同意后，地调将 220kV A 站 201 断路器转检修进行处理。因调度端图纸与变电站图实不符，调度员令变电站值班员合 201 断路器两侧 20117、20167 接地开关，而现场则合上 20160、20117 接地开关，双方未进一步深入沟通，也未意识到调度端图纸与现场设备图实不符情况，调度员就直接下令合 20167 接地开关，220kV A 站 #1 主变比率差动保护动作跳 101、301 断路器。

三、事件原因

1. 直接原因

因调度端与变电站设备图实不符，调度员和变电站运行值班员在未认真核实清楚待操作接地开关具体位置的情况下就带着疑问盲目下令操作合接地开关，导致恶性误操作事件发生。

2. 间接原因

变电站运行值班员在合接地开关前未按规定进行验电就直接按调度命令合接地开关。

四、暴露问题

(1) 变电站“两票三制”执行不到位，未进行验电就直接合接地开关。

(2) 违反电网调度管理规程相关规定，操作过程有疑问时必须立即暂停，待核实清楚后再进行操作。

(3) 竣工图纸与设备实际不符，竣工验收把关不严，流于形式。

(4) 变电站投产前调度方式专业未认真与变电站核实图实的一致性。

(5) 安全管理不到位，日常开展安全检查不够深入，未及时发现隐患并组织消除。

五、整改措施

(1) 组织调度员和变电站运行值班员加强对电网调度运行操作管理相关规定的学习考核，切实提升调度员和变电运行值班员的基本业务技能。

（2）变电站竣工验收严格把关，验收前各部门、专业制定具体验收表单，对照标准逐条验收，避免因验收把关不严导致图实不符情况发生。

（3）调度机构印发图纸前，认真与变电站核实图实一致再将图纸印发执行。

（4）加强日常安全管理，按照安全大检查的要求认真组织开展自纠自查工作，及时消除影响安全生产的隐患。

（5）定期组织开展安全教育和事故案例学习，认真吸取事故教训，进一步提升调度员和变电运行值班员的安全意识和责任意识。

案例十四　某供电局“3.8”误调度导致的220kV A站110kVⅠ母失压事件

一、事前运行方式

220kV A站110kVⅠ母、Ⅱ母并列运行，110kV AB线处检修，根据检修安排，#1主变已停电检修，为提高#1主变停电检修期间的供电可靠性。根据电网运行方式安排，110kV AB线线路工作结束立即恢复该线路，即110kV AB线135断路器供220kV A站110kVⅡ母，220kV A站#2主变供110kVⅠ母，110kV母联112断路器热备用的运行方式。

事前电网运行方式如图5-18所示。

二、事件经过

为提高#1主变停电检修期间的供电可靠性，110kV AB线检修工作结束后地调将110kV AB线转运行（由110kV B站侧110kV AB线151断路器充空线运行）。为倒换电网运行方式，实现110kV AB线135断路器供220kV A站110kVⅡ母，220kV A站#2主变供110kVⅠ母，110kV母联112断路器热备用的运行方式。地调下令同期合上220kV A站110kV AB线135断路器供220kV A站110kVⅡ母；在#2主变102开关仍在110kVⅡ母上运行的情况下，地调正值调度员下令断开220kV A站110kV母联112断路器，造成110kVⅠ母失压。

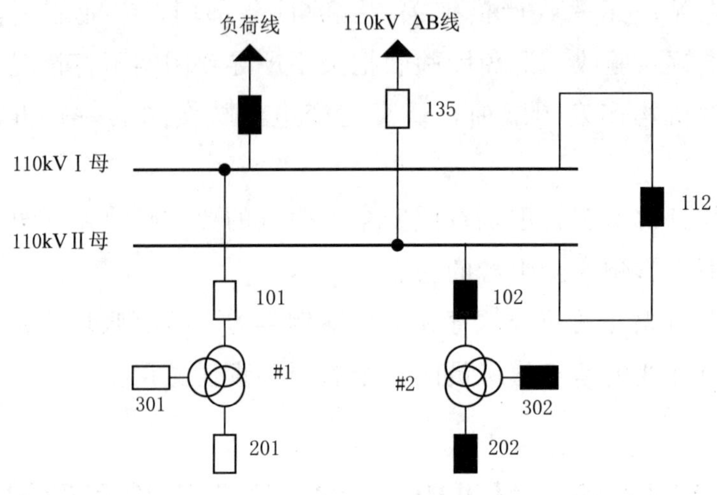

图 5-18 事前电网运行方式

三、事件原因

1. 直接原因

(1) 地调当值副值调度员在未认真核对现场运行方式、误认为 220kV A 站＃2 主变 110kV 侧已由 110kVⅡ母倒至 110kVⅠ母运行的情况下就填写操作指令票，导致指令票填写错误（填写的操作任务为：将 110kV AB 由检修转运行，操作项内却多出 110kV 母联 112 断路器由运行转热备用），未将＃2 主变 110kV 侧由 110kVⅡ母倒至Ⅰ母运行，就盲目下令断开 110kV 母联 112 断路器，导致 110kVⅠ母失压。

(2) 地调当值正值调度员对上述操作指令票审核、把关不严。

2. 间接原因

(1) 地调方式安排中的日调度计划对 A 站 110kV 母联 112 断路器操作的前提条件不够明确、具体，导致值班调度员误判运行方式。

(2) 220kV A 站值班员在执行调度操作指令时，未能及时发现断开 110kV 母联 112 断路器后将导致 110kVⅠ母失压的严重后果。

四、暴露问题

(1) 人员专业技术水平低。调度员、变电值班员对相关调度规程、电气操作导则不熟悉，理解不透彻，对电网运行方式不了解。调度员、运行人员麻痹大意、不负责任。

（2）调度管理存在漏洞，违章行为没有得到有效遏制。部分调度员不严格执行“两票”规定，未严格执行监护制度，调度部门内部考核奖惩制度不完善，对调度员的业务工作没有进行严格细化考核，对上述违章行为纠正不力。

（3）对交接班的内容掌握不清。调度员对于交接班交接的电网运行方式和工作任务掌握不清，导致操作时对当前电网的运行方式不掌握，存在一定的盲目性。

（4）变电站值班人员未能切实履行好职责，盲目执行调度指令，导致避免事故发生的最后一道关口失效。

五、整改措施

（1）组织调度员、变电值班员开展标准规程学习培训和考核，通过以考促学提升调度员和变电值班员基本业务技能。

（2）严格执行“两票三制”，加强对调度指令票检查和考核力度，对调度指令票执行存在的问题及时进行分析并整改，每月定期将调度指令票执行存在问题通报调度员，持续改进提升，进一步规范运行操作管理。

（3）加强调度交接班管理，完善交接班流程以及交接内容，做到“交得清楚，接得明白”。管理人员定期抽查调度员交接班情况，发现问题及时纠正。

（4）定期组织开展安全讨论活动，通过强化安全学习和教育，不断提升调度员和变电值班员的安全意识和责任意识。

案例十五　某调度误操作事件

一、事前运行方式

某建设单位对110kV ABⅡ回线π接线路工程施工，将110kV ABⅡ回线N77、N78塔中间开断，π接进新投产的110kV C站。在110kV ABⅡ回线π接入110kV C站的新设备投运过程中，当值调度员下令对110kV BCⅡ回线冲击前，未拉开110kV B区牵引变10110接地开关，造成带地刀合断路器的恶性误操作事件。

投运前后网络接线图如图 5－19 所示。

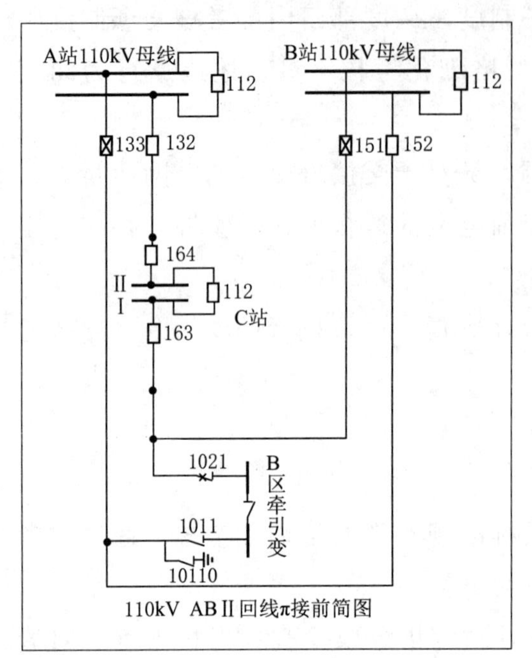

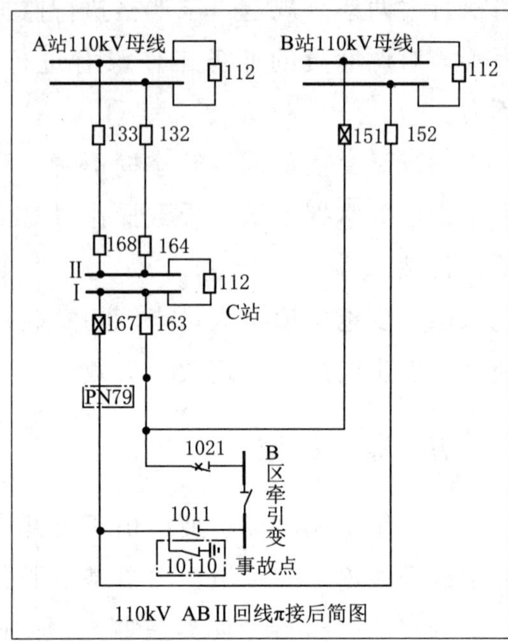

图 5－19　投运前后网络接线图

二、事件经过

某日，110kV ABⅡ回线 N77、N78 塔中间开断，π 接 110kV C 站施工结束，准备对改接线路进行投产。投产前，施工单位未按照调度投产方案对新改接线路进行全线测试绝缘工作，调度员投产前交接班时未认真交代安全措施布置情况，未做相应的接地开关拉合记录，接班调度员投产前也未认真核实待投产设备间隔所有安全措施是否全部拆除的情况下，直接下令通过 B 站 110kV BC 线路 152 断路器对线路充电（其实 B 区牵引变 10110 接地刀闸仍在合位），导致恶性误操作事件发生。

三、事件原因

1. 直接原因

当值调度员下令向 110kV BCⅡ回线冲击前，忘记拉开 110kV B 区牵引变 10110 接地开关。

2. 间接原因

调度交接班流于形式，交接班调度员准备不充分，交接过程中交代内容不全面，忽视危险点。

四、暴露问题

（1）管理人员安全生产管理不到位，对调度系统存在的问题管理不严、纠正不力。

（2）部分调度员未严格执行“两票”规定，无票操作现象时有发生；未严格执行复诵制度，未规范使用调度术语；调度部门内部考核奖惩制度不完善，日常工作对违章行为纠正不力。

（3）当值调度员业务素质不高，未能充分辨识出线路改接后的风险点，对线路改接后的电网接线不清楚。

（4）交接班流于形式，存在管理不规范、交接班不认真等问题。

五、整改措施

（1）加强交接班管理，杜绝流于形式，规范交接班管理流程，调度负责人定期对交接班情况进行抽查，发现问题及时纠正。

（2）调度员下令操作操作前认真核实设备状态，确保现场设备状态与调度端设备状态一致。

（3）严格审核检修申请，电网方式安排必须清晰明了，避免不合格的检修申请流转到调度台执行。

（4）新设备投产调度方案需层层审核把关，方案需对新设备投产面临的风险进行分析并制定相应的管控措施。

案例十六　某调度机构误送电事件

一、事前运行方式

10kV BD线冷备用，10kV BC线处检修开展计划检修工作。

事前运行方式示意图如图5-20所示。

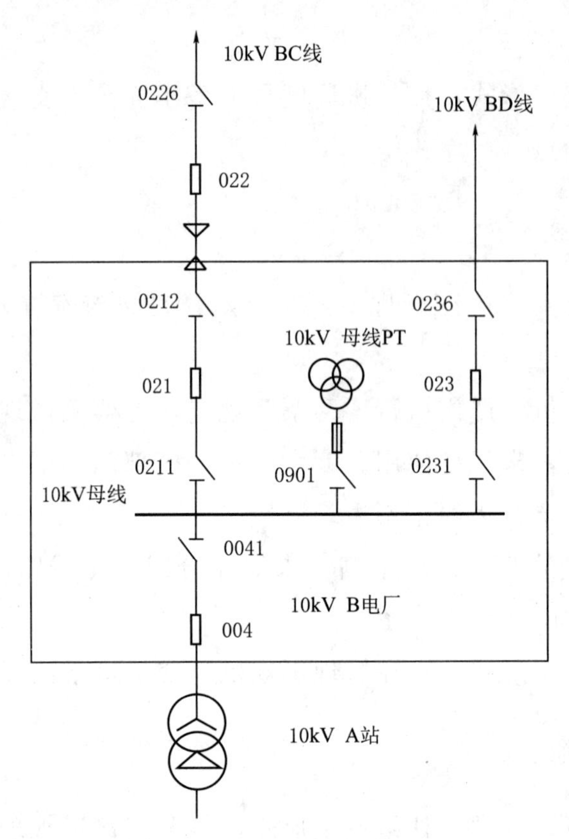

图 5-20 事前运行方式示意图

二、事件经过

事发前一天，调度机构调度员通知 B 电厂值班员第二天 10kV BC 线有检修工作。

次日凌晨，10kV A 站 004 断路器发零序过压跳闸，为配合检查故障跳闸原因，调度令 B 电厂将 10kV BD 线、10kV BC 线转为冷备用，要求现场做好安全措施后开展故障巡线。经检查，B 电厂发现 10kV 母线 PT 避雷器故障，向调度申请将 10kV A 站 10kV 母线转冷备用配合处理故障。

当 B 电厂处置完 10kV 母线 PT 避雷器故障后，向调度员汇报，具备复电条件。调度员要求现场保持 A 站以及 B 电厂 10kV BD 线、10kV BC 线保持冷备用状态，此时当值调度员清楚 10kV BC 线有检修工作。

当 10kV BC 线线路停复电联系人向调度员申请开展线路工作时，调度员询问现场安全措施已布置完成，同意了该工作（实际此时现场并未做安全措施）。

为恢复B电厂10kV母线及10kV BD线送电，调度员与B电厂值班员沟通过程中，调度员先后四次将10kV BD线、10kV BC线线路名称混淆，电厂运行人员已提醒调度员是10kV BC线有检修工作，但调度员未注意到电厂值班员提醒，误认为10kV BD线有检修工作，10kV BC线具备复电条件。于是调度员就依次下令恢复10kV A站10kV母线、B电厂10kV母线PT及避雷器、10kV BC线，恢复10kV BC线后电压显示异常，但调度员仍未意识到送错电，以为是线路故障需断开断路器。当10kV BC线停复电联系人来电反映10kV BC线突然来电，并向值班调度员询问带电原因时，调度员仍答复复电的是10kV BD线，不是10kV BC线（调度员没有意识到是自己下错令，而认为是电厂错误执行调度指令）。

三、事件原因

1. 直接原因

值班调度员误将准备复电的10kV BD线与有设备检修计划的10kV BC线混淆，错误下达将10kV BC线由冷备用转运行的调度指令。

2. 间接原因

（1）调度员未正确使用调度指令记录，指令没有审核环节，致使操作过程失去监护。

（2）两名当值调度员值班期间沟通不到位、不充分。

（3）当值调度员对于现场人员提出的疑问和解释未认真了解并引起重视，没有形成良性沟通，多次错失了发现自身错误的时机。

四、暴露问题

（1）B电厂故障后，值班调度员对有预期的设备复电操作准备不充分。调度员对调度操作相关规定学习不够、理解不深，操作前未认真备票，也未履行审核环节。

（2）事件发生的两名当值调度员都具备正值调度员资格，两人在值班期间，未明确正、副值工作分工，从而导致当班正、副值调度员职责不明确。当值期间，两位调度员各自忙于不同的事务，班内缺乏有效沟通，特别在操作下令时，当班调度员没有进行充分沟通，就各自进行调度操作。

五、整改措施

1. 调度操作管理方面

（1）调度操作准备环节，要严格履行调度指令记录审核环节。

（2）调度操作执行环节，操作过程中不能失去监护；下达的调度指令要严密，调度下令时严格使用设备双重命名，规范用语；严格执行操作过程中的复诵环节。

2. 调度值班管理方面

（1）严格执行交接班制，加强交接班管理，规范交接班流程。

（2）优化调度值班安排，明确同一值内正、副值调度员的职责划分。

第六章 电网调度监控员培训与考核

第一节 培训策划管理

(1) 调度监控员应取得调监控业务资质方可上岗。调监控业务资质按业务难易程度设置高级、中级、初级，实行逐级晋升管理。通常，值班负责人(值班长)对应高级资质，正值调度监控员对应中级资质，副值调度监控员对应初级资质。

(2) 调度监控员培训需成立调监控业务资质培训考核工作组，成员应包括系统运行部、生产技术部、人力资源部、安全监管部、变电运行所等部门人员，负责培训方案策划、培训课件及考核题库开发、培训过程实施、资质认证考核等。

(3) 调监控业务资格培训考核工作组应组织本单位系统运行部、生产技术部、人力资源部门编制并发布调监控业务资格培训大纲，培训大纲至少包括电网调度技术、电网及设备的监视技术、设备远方操作技术、现场实习、故障演练等培训内容；同时还应明确培训时间安排、培训负责人。

第二节 培训及考核过程管理

(1) 调度监控员资格申报人员应完成相应调监控业务资格的理论知识培训、跟班实习培训、现场实习培训、故障应急演练培训等。培训方式包括自学、集中培训、跟班实习、现场实习、故障应急演练、上岗前模拟业务联系场景对话练习等。

(2) 调监控业务资格申报人员的培训周期一般为8～12个月，在调度机构跟班实习至少3个月，变电站(巡维中心)现场实习至少为1个月。

(3) 调监控业务资格申报人员到变电站(巡维中心)现场实习由变电管理所负责管理，并负责按照培训大纲完成现场培训内容。

(4) 调度监控员培训过程，必须严格按照培训大纲内容组织开展每个阶段的学习培训和考核，各阶段培训内容结束后，组织开展相应考试以检验学习培训效果，同时可适当增加突击面试，全面掌握调度监控员对所学知识的掌握程度，以便后续改进提升。

(5) 调度监控员培训过程，可实时增加调监控业务联系模拟场景对话对调度监控员进行考核，促使调度监控员尽快融入角色，为上岗后顺利开展业务联系奠定基础。

(6) 调监控业务资格培训考核工作组组织本单位系统运行部、生产技术部、人力资源部门开展本级调度机构调控业务资格认证。

(7) 调监控业务资格培训考核工作组结合实际情况确定调控业务资格认证方式，可以采取笔试、面试、答辩、故障演练等方式的组合，至少包含笔试和故障演习部分，且还应将日常工作评价纳入认证范围。

(8) 调监控业务资格认证考试合格分数线由调控业务资格培训考核工作组结合实际自行确定，但是合格分数线不能低于80分（百分制）。

(9) 原则上考试题目应按照调监控业务资格的不同等级进行命题组卷。

(10) 调监控业务资格培训考核工作组应严肃考试纪律，规范考场秩序。考场秩序混乱的，培训考核工作组有权中止考试；调监控资质认证或抽查评价考试中弄虚作假和作弊的行为，一经发现立即取消调度监控员资格，且一年内取消业务资格申报及认证资格。

(11) 调监控业务资格认证合格的人员，经审批发布后，即具备调监控业务资格。

(12) 调监控业务资格发布后5个工作日内向本单位人力资源部门备案。

(13) 未取得调控业务资格认证的人员，不得担任值班负责人，不得安排业务能力以外的工作。

(14) 经考核合格后的调度监控员，上岗后应对其加强值班监护。

(15) 调度监控员资质管理实行年审制动态管理，根据业务行为及继续教育培训情况审查其调度、监视、控制业务能力。中断调控业务连续6个月及以上的调度监控员，须参加相关课程培训及考试合格后，才能重新从事调控业务的相关工作。

(16) 调度监控员资质晋升可采用笔试、面试、答辩、实操、反事故演习、综合测评等形式的组合，但至少应包含笔试、实操及反事故演习。

(17) 调度监控员正式上岗后，应持续开展专项培训、事故演练、突击面试等工作，定期组织开展业务考试以促进业务能力的全面提升。

第三节 调度监控员上岗考试题目类型

（1）调度监控员上岗考试主要包括笔试、答辩、反事故演练等方面。满分100分，笔试、答辩、反事故演练各块分数占比需在上岗考试方案明确，综合考核达80分为合格。

（2）笔试题目包含单项选择题、多项选择题、填空、判断题、简答题、综合分析题等。

（3）答辩评委一般由调度、变电运行、安监、生技等专业人员组成，答辩内容为培训大纲内容。题目由考核组准备，答辩人可随机抽取4～5题进行作答，作答完毕后评委结合答辩情况继续进行提问。

（4）反事故演练需精心策划并设置好故障、故障现象以及保护动作情况，细化考核标准及评分要求，可通过DTS或者一对一演练开展。主网调度监控员反事故演练考核示例见表6-1。

表6-1 主网调度监控员反事故演练考核示例

编号	主网调度	姓名		单位		考试时限（分钟）	60	题分	100
评价要素	核心技4：异常、故障处理				评价内容	异常处理要素		考核得分	
试题正文		主网断路器、隔离开关异常处置							
工具、设备、场地		1. 笔和纸。 2. 仿真系统或在图纸上进行沙盘推演。							

（一）需要说明的问题和要求

如下图的110kV变电站所示，黑色实心的断路器在合闸位置，白色空心的断路器在分闸位置。该站为终端站，其中110kV A、B两线为该站的两条进线，＃1主变供35kV侧的负荷以及站用电，正常母线运行方式为并列运行方式。

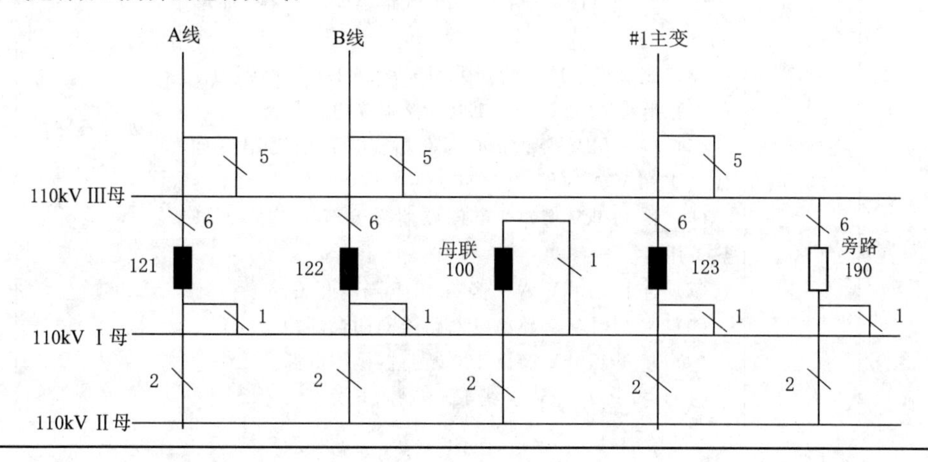

续表

（二）考核任务

1. 若110kV A线121断路器运行于110kV Ⅰ母，110kV B线122断路器运行于110kV Ⅱ母，旁路190断路器热备用于110kV Ⅱ母。此时，110kV A线121断路器闭锁分合闸。

2. 某日，甲站有Ⅱ母停电的计划检修工作，在操作将母联100断路器转冷备用时，1002隔离开关拉开，1001隔离开关C相拉不开，合上时又卡不死，现场人员告要处理该缺陷需要Ⅰ母停电检修才能进行处理。（该站所供负荷无法调由其他站供电，隔离开关只能拉、合站内环流，不能拉空载运行的母线）

问题：请给出双母线接线方式下出线断路器闭锁分合闸的故障隔离处置原则，并结合上述条件分析处理的思路，给出具体的操作步骤。

（三）考核内容

	项目步骤（分值）	处理步骤	评分标准	得分
考核标准	处理原则（10分）	具备旁母代路条件时，应按旁路开关代路运行要求，将旁路开关与故障开关并联后，采用拉开无阻抗环路电流的方法将故障开关隔离。 不具备旁母代路条件时，应将故障开关所在母线上其余开关逐一倒至另一母线，然后断开母联开关，将故障开关隔离。对于设备运行维护单位已确认设备存在缺陷的，应采取将运行设备转为冷备用状态，再由冷备用状态操作至另外一条母线运行状态的操作方式。（10分）	处理不熟悉或回答不全面扣1～10分	
	处理思路（20分）	1. 考虑用旁路190断路器代供后隔离121断路器。（10分） 2. 考虑用旁路190断路器在Ⅰ母、Ⅱ母之间形成电气联系后，将所有元件倒至Ⅱ母，然后将Ⅰ母停电进行处理。（10分）	处理不熟悉或回答不全面扣1～20分	
	操作步骤（70分）	步骤1： （1）投入110kV旁路190断路器充电保护。 （2）合上110kV旁路190断路器对110kV Ⅲ母充电。 （3）充电正常后，断开110kV旁路190断路器。 （4）退出110kV旁路190断路器充电保护。 （5）将110kV旁路190断路器保护定值区调整至代供110kV A线保护定值。 （6）将110kV旁路190断路器冷倒至110kV Ⅰ母热备用。 （7）合上110kV A线旁路1215隔离开关。 （8）用110kV旁路190断路器同期合环。 （9）断开110kV旁路190断路器操作电源。 （10）拉开110kV A线1216隔离开关。	处理不熟悉或回答不全面扣1～70分	

续表

	项目步骤（分值）	处理步骤	评分标准	得分
考核标准	操作步骤（70分）	（11）拉开110kV A线1211隔离开关。 （12）合上110kV旁路190断路器操作电源。 （13）调整重合闸方式。（30分） 步骤2： （1）将旁路190断路器上Ⅱ母，按代供A线或是B线转为热备用。（为保证#1主变的正常运行，不考虑代供#1主变）。 （2）合上旁路190断路器对Ⅱ母充电正常。 （3）断开被代供断路器以及旁路190断路器的操作电源，用旁路1901隔离开关合环正常。 （4）合上被代供断路器以及旁路190断路器的操作电源，用旁路190断路器解环。 （5）将所有元件倒至Ⅱ母，倒闸过程中，注意尽量减少通过旁路断路器靠母线侧两把隔离开关的穿越电流。可考虑先倒一条线，再倒#1主变，最后倒另外一条线。 （6）用旁路190断路器经同期合环。 （7）用旁路1902隔离开关解环。 （8）断开旁路190断路器。 （9）将旁路190断路器转为冷备用。（40分）	处理不熟悉或回答不全面扣1～70分	
考官签字： 日期：				

第四节　调度监控员上岗笔试样卷

调度机构调度监控员上岗考试笔试样卷如下。

一、单项选择题（每题0.5分，共10分）

1. 下列说法正确的有（A）。

（A）运行中的CT二次侧不允许开路

（B）运行中的CT二次侧不允许短接

（C）运行中的PT二次侧不允许开路

（D）运行中的PT二次侧允许短路

2. 断路器均压电容的作用是（D）。

(A) 减小开断电流　　　　　　(B) 提高恢复电压速度

(C) 提高断路器开断能力　　　(D) 使断口电压分布均匀

3. 高压断路器液压操作机构油压逐渐下降时发出的信号依次为（B)。

(A) 闭锁合闸信号—闭锁重合闸信号—闭锁分闸信号

(B) 闭锁重合闸信号—闭锁合闸信号—闭锁分闸信号

(C) 闭锁重合闸信号—闭锁分闸信号—闭锁合闸信号

(D) 闭锁分闸信号—闭锁重合闸信号—闭锁合闸信号

4. 零序电流的分布，主要取决于（D)。

(A) 发电机是否接地　　　　　(B) 用电设备的外壳是否接地

(C) 故障电流　　　　　　　　(D) 变压器中性点接地的数目

5. 为了防止差动继电器误动作或误碰出口中间继电器造成母线保护误动作，应采用（B)。

(A) 电流闭锁元件　　　　　　(B) 电压闭锁元件

(C) 距离闭锁元件　　　　　　(D) 振荡闭锁元件

6. 依据《电力安全事故应急处置和调查处理条例》的规定，省、自治区、直辖市人民政府所在地城市30%以上50%以下供电用户停电，属于(B)。

(A) 一般事故　　　　　　　　(B) 较大事故

(C) 重大事故　　　　　　　　(D) 特别重大事故

7. 发电机输出的有功功率为40MW，功率因数0.8，该发电机发出的无功功率为（A) Mvar。

(A) 30　　　(B) 40　　　(C) 60　　　(D) 50

8. 产生串联谐振的条件是（B)。

(A) XL＜XC　　(B) XL＝XC　　(C) XL＞XC　　(D) XL≥XC

9. 根据电力系统的（C) 计算短路电流，以校验继电保护的灵敏度。

(A) 一般运行方式　　　　　　(B) 正常运行方式

(C) 最小运行方式　　　　　　(D) 最大运行方式

10. 两台阻抗电压不相等的变压器并列运行时，在负荷分配上（A)。

(A) 阻抗电压大的变压器负荷小

(B) 阻抗电压小的变压器负荷小

(C) 负荷的分配不受阻抗电压的影响

（D）阻抗电压大的变压器负荷大

11. 发电机振荡成失步时，一般采取增加发电机励磁电流，其目的是（C）。

（A）提高发电机电压

（B）多向系统输出无功

（C）增加定子与转子磁极间的拉力

（D）降低发电机电压

12. 变压器呼吸器中的硅胶，正常未吸潮时颜色应为（A）。

（A）蓝色　（B）黄色　（C）红色　（D）黑色

13. 过电流保护加装复合电压闭锁可以（D）。

（A）加快保护动作时间　（B）增加保护的可靠性

（C）提高保护的选择性　（D）提高保护的灵敏性

14. 弹簧操作机构的断路器，出现“弹簧未储能”时（A）。

（A）断路器可以断开，合不上　（B）断路器合得上，断不开

（C）断路器操作不动　（D）断路器灭不了弧

15. 发生带负荷误拉隔离开关时应（C）。

（A）立即拉开　（B）断开后立即合上

（C）在弧光发生瞬间立即合上　（D）停止操作

16. 电缆线路相当于一个电容器，停电后的线路上还存在剩余电荷，对地仍有（A），因此必须经过充分放电后，才可以用手接触。

（A）电位差　（B）等电位　（C）很小电位　（D）电流

17. 把空载变压器从电网中切除，将引起（B）。

（A）电网电压降低　（B）过电压

（C）过电流　（D）无功减小

18. 以下属于遥测量的是（B）。

（A）AGC 控制模式　（B）母线电压

（C）断路器位置　（D）继电保护的动作信号

19. 大电流接地系统中，任何一点发生接地时，零序电流等于通过故障点电流的（C）。

（A）3 倍　（B）1.5 倍　（C）1/3 倍　（D）$\sqrt{3}$倍

20. 变电站的母线装设避雷器是为了（C）。

(A) 防止直击雷　　　　　　(B) 防止反击过电压
(C) 防止雷电行波　　　　　(D) 防止操作过电压

二、多项选择题（每题1分，共20分）

1. 属于变压器按冷却方式的有（ACD）。
(A) 自冷　　(B) 水冷　　(C) 强迫油循环风冷
(D) 强迫油循环水冷

2. 电网监视控制点电压降低超过规定范围时，值班调度员应避免采取以下（AB）措施。
(A) 减少发电机无功出力　　　(B) 投入并联电抗器
(C) 设法改变系统无功潮流分布　　(D) 必要时启动备用机组调压

3. 自动低频减负荷装置误动的原因说法正确的是（ABD）。
(A) 电压突变时，因低频率继电器触点抖动而误动作
(B) 系统短路故障时，造成频率下降而引起的误动作
(C) 系统旋转备用容量足够且以汽轮发电机为主，当突然增加负荷或切机，会造成自动低频减负荷装置误动
(D) 供电电源中断时，大型电动机的负荷反馈可能使按频率减负荷装置误动作

4. 水库调度管理的基本任务包括（ABC）。
(A) 负责电网水调自动化系统的运行和维护，协助和指导各水电厂的水情测报系统的建设、运行和维护
(B) 在确保水电站水工建筑物安全的前提下，按设计确定的任务、调度原则合理安排水库的蓄水、泄水方式，充分发挥防洪、发电、灌溉、供水、航运等综合利用的效益，发挥水电厂在电力系统中的调频、调峰和事故备用作用
(C) 在全网内实施水库群补偿和水火互补调度，保证电网安全、经济
(D) 节能降耗

5. 电力系统的暂态过程有（BC）。
(A) 振荡过程　　　　(B) 电磁暂态过程
(C) 机电暂态过程　　(D) 电气过程

6. 用母联断路器或分段断路器向一组母线或一段母线充电时，为了更

可靠地切除被充电母线上的故障，在母联断路器或母线分段断路器上设置（AB）保护，作为母线充电保护，正常运行时该保护应停用。

（A）相电流保护　　　　（B）零序电流保护

（C）差动保护　　　　（D）瓦斯保护

7. 在进行监控职责转移时，应履行相应的移交手续（ABCD）。

（A）移交时必须明确移交范围、时间、移交前的运行方式、监控信息等内容，移交过程应录音并做好记录

（B）监控职责移交后，调度监控员应在监控系统相应位置设置“监控职责已转移”标志牌，运维人员应不间断承担设备运行监视、控制（操作）和巡维职责

（C）造成监控职责转移的因素消除后，调控中心应及时收回监控职责

（D）监控职责移交回调控中心前，调度监控员应与运维人员确认具备收回监控职责的条件后，重新核对变电站运行方式和监控信息，做好记录并摘除相应标志牌

8. 以下（AD）情况容易发生自励磁。

（A）发电机接空载长线路

（B）发电机接重负荷线路

（C）发电机接串补电容补偿度过小的线路

（D）发电机接串补电容补偿度过大的线路

9. 下面属于电力系统对继电保护的基本要求是（ACD）。

（A）可靠性　（B）准确性　（C）灵敏性　（D）快速性

10. 下列说法正确的是（ACD）。

（A）变压器做空载合闸试验是检查绝缘是否存在缺陷

（B）带负荷测试是检查重瓦斯保护是否误动

（C）按照规程规定，新投入的变压器应全电压冲击合闸 5 次

（D）按照规程规定，大修后的变压器应全电压冲击合闸 3 次

11. 用于强送电的断路器应具备的条件有（ABD）。

（A）断路器完好，并有足够的遮断容量

（B）断路器跳闸次数在允许范围内

（C）断路器检修时间不超过一年

（D）具有完备的继电保护

12. 关于母线事故，以下的说法正确的是（BD）。

（A）当厂站母线失压时，厂站值班员应立即汇报调度员，并等待调度指令断开失压母线上的全部断路器

（B）需要将失压母线设备倒换至正常母线运行的，首先拉开失压母线侧所有隔离开关

（C）为缩短事故处理时间，在试送失压母线时，应尽可能用厂、站内正常运行母线通过母联断路器试送

（D）有条件时，应利用机组对母线零起升压

13. 当断路器发生非全相运行时，正确的处理措施是（CD）。

（A）断路器在正常运行中发生两相断开时，现场值班人员应待调度指令后拉开断路器

（B）断路器在正常运行中发生一相断开时，现场值班人员应立即向调度汇报，按调度指令处理

（C）断路器在正常运行中发生一相断开后，现场手动合闸不成，应尽快拉开其余两相断路器

（D）发电机出口断路器非全相运行，应迅速降低该发电机有功、无功出力至零，然后进行处理

14. 电流互感器是将高压系统的电流或低压系统中的大电流变成（AB）标准的小电流的电气设备。

（A）5A　（B）1A　（C）10A　（D）2.5A

15. 引起操作过电压的原因有（ABCD）。

（A）投、切空载线路　（B）切除空载变压器

（C）间隙性电弧接地　（D）解合大环路

16. 双回线中任一回线停送电操作，下列说法正确的是（AC）。

（A）线路停电之前，必须将双回线送电功率降低至一回线按稳定条件所允许的数值

（B）线路送电前运行线路潮流可以短时大于稳定极限值

（C）线路停电时，先断开送端断路器，然后再断开受端断路器

（D）线路送电时，先合送端断路器，后合受端断路器

17. 刀闸远方操作前现场设置要求有（ABCD）。

（A）刀闸操作电源在投入状态

(B) 刀闸电机电源在投入状态

(C) 刀闸“远方/就地”控制切换开关在“远方”位置

(D) 遥控压板在“投入”状态

18. 零序电流保护优点有(ABC)。

(A) 结构和工作原理简单,正确动作率高

(B) 整套保护中间环节少,可以实现快速动作

(C) 反映零序电流的绝对值,受过渡电阻影响小

(D) 能反映相间短路故障

19. 下面属于不对称运行的(AB)。

(A) 单相接地故障　　(B) 相间短路故障

(C) 三相短路故障　　(D) 谐振

20. 下列情况应悬挂“禁止遥控”标示牌并记录,调度监控员不允许进行远方操作(ABCD)。

(A) 设备未通过远方操作调试验收

(B) 设备存在不允许远方操作的缺陷或异常

(C) 监控系统异常影响设备远方操作

(D) 不具备同期合闸条件的同期操作

三、填空题(每空 0.5 分,共 15 分)

1. 根调度监控员进行远方操作时,必须实行“一人操作,一人监护”的监护操作模式。

2. 当电力系统发生两相短路故障时,短路电流包含正序分量、负序分量。

3. 衡量电能质量的主要指标有电压、频率、波形。

4. 电气设备的外壳接地是保护接地。

5. 不接地系统中,发生单相接地故障时,非故障相的电压为相电压的 $\sqrt{3}$ 倍。

6. 与电容器组串联的电抗器起限制合闸涌流和限制高次谐波的作用。

7. 电力线路纵联保护的信号主要有以下三种:闭锁信号、允许信号、跳闸信号。

8. 继电保护“三误”是误整定、误接线、误碰。

9. 当故障点零序综合阻抗 Zk0 小于正序综合阻抗 Zk1 时，单相接地故障电流大于三相短路电流。

10. 将消弧线圈由一台变压器切换至另一台变压器的中性点上时，应按照“先拉开，后投入”的顺序进行操作。

11. 重合闸装置投入，且满足动作的相关技术条件，但断路器跳闸后重合闸未动作，称为重合闸拒动。

12. 电力系统振荡时，随着振荡电流增大，母线电压降低，阻抗元件测量阻抗减小，当测量阻抗落入继电器动作特性以内时，距离保护将发生误动作。

13. 投入空载变压器时会产生励磁涌流，数值一般为额定电流的 6～8 倍，励磁涌流中含有大量的高次谐波，其中以二次谐波为主。

14. 调整继电保护及安全自动装置时，由调度机构值班调度员下达对装置的功能性要求，厂站人员按定值单和现场运行规程操作，满足功能性要求。

15. 设备远方操作时须在调度监控系统相应设备的间隔图内进行操作，操作前需核对变电站名称、设备名称和编号，防止误操作。

16. 方向保护反映的是电流与电压间相位的变化。距离保护反映的是电压与电流比值的变化。

17. 中性点经消弧线圈接地系统采用欠补偿方式，发生接地故障时，流过接地点的电流为容性电流。

18. 在向调度机构申请的设备状态、停电范围、检修完工时间不超过原有申请范围的条件下，事前不可预见且当天能完工的工作可向当值调度员口头申请，当值调度员可视情况决定是否安排。

19. 设备远方遥控操作时的双确认原则是指至少应有两个非同样原理或非同源的指示发生对应变化，且所有这些确定的指示均已同时发生对应变化，才能确认该设备已操作到位。

20. 变压器的分接头一般是都从高压侧抽头，因为该绕组一般在外侧，抽头方便，电流较小。

21. 变压器的油起绝缘、散热作用。

22. 上、下级电网（包括同级和上一级及下一级电网）继电保护之间的整定，应遵循逐级配合的原则，满足选择性要求。

四、判断题（每题1分，共10分）

1. 系统频率下降时，变压器的励磁电流会相应减小。（×）

2. 由于母差保护装置中采用了复合电压闭锁功能，所以当发生TA断线时，保护装置将延时发TA断线信号，不需要闭锁母差保护。（×）

3. 提高电力系统静态稳定的根本措施是缩短“电气距离”。（√）

4. 系统电压偏高时，可安排发电厂机组迟相运行，以吸收系统中过剩的无功。（×）

5. 变压器轻瓦斯保护发出信号应进行检查，并适当降低变压器负荷。（√）

6. 顺调压是指在电压允许偏差范围内，调整供电电压使电网高峰负荷时的电压值高于低谷负荷时的电压值，保证用户的电压高峰、低谷相对稳定。（×）

7. 两台接线组别、变比相同但短路阻抗不同的变压器并联运行，短路阻抗大的变压器负载也较大。（×）

8. 与二次侧的负荷相比，电压互感器的一次内阻抗较大，电流互感器的一次内阻抗很小。（×）

9. 配合操作前，相关方值班调度员应协商一致，明确操作任务、内容、顺序及异常处理等有关事项。操作期间，相关方值班调度员应及时相互通报操作情况。（√）

10. 一次、二次设备操作前，值班调度员和待接受调度命令的运行值班员应相互核实一次、二次设备状态。（√）

五、简答题（每题5分，共20分）

1. 未经就地检查变电设备或采取必要措施，不允许直接强送的情况有哪些？

答：

（1）全电缆线路。

（2）跳闸线路无可快速切除故障的主保护。

（3）已接到跳闸线路不具备运行条件的报告。

（4）跳闸线路高抗保护动作。

（5）线路跳闸时系统伴有振荡现象。

（6）线路检修结束复电时或试运行线路跳闸。

（7）已确认线路发生三相短路故障。

（8）线路有带电作业或带电跨越施工。

（9）强送开关为单相故障单相开关拒动时可能导致系统失稳的开关。

2. 调控一体化运行管理模式下，发生哪些影响电网和设备安全运行情况时，调度监控员应立即通知运维人员到现场检查处理？

答：

（1）保护、自动装置动作或设备跳闸。

（2）断路器闭锁分合闸。

（3）断路器 SF_6 气压低。

（4）站用电失去或直流母线失压。

（5）断路器控制回路断线、控制电源消失。

（6）电压互感器、电流互感器 SF_6 气压低、线电压遥测值严重越下限。

（7）纵联保护通道告警、保护装置故障、保护或保护测控一体化装置闭锁。

（8）安自装置闭锁、故障或异常。

（9）变压器冷却器全停故障。

（10）其他威胁电网及设备安全，必须立即处置的信号。

3. 厂站二次系统的直流一点接地对运行有什么危害？

答：

（1）厂站二次系统的直流正极接地有造成保护误动的可能，因为一般跳闸线圈（如保护出口中间继电器线圈和跳合闸线圈等）均接负极电源，若这些回路再发生接地或绝缘不良就会引起保护误动作。

（2）直流负极接地与正极接地同一原理，如回路中再有一点接地就可能造成保护拒绝动作（越级扩大事故）。

（3）因为两点接地将跳闸或合闸回路短路，这时还可能烧坏继电器触点。

4. 电力系统振荡和短路的主要区别有哪些？

答：

（1）振荡时系统各点电压和电流值均作往复性摆动，而短路时电流、电压值是突变的；此外，振荡时电流、电压值的变化速度较慢，而短路时电流、电压值突然变化量很大。

（2）振荡时系统任何一点电流与电压之间的相位角都随功角的变化而变化；而短路时，电流与电压之间的角度是基本不变的。

（3）振荡时系统三相是对称的，而短路时系统可能三相不对称。

六、综合分析题（第一题10分，第二题15分，共25分）

（一）110kV C变由110kV AC线主供，110kV BC线备供，110kV BC线由110kV B变充空线运行，110kV C变侧172断路器处热备用状态。110kV D水电厂为地调直调电厂，装机容量2×50MW，当前#1机运行，出力为50MW，#2机备用。110kV C变装有进线备自投装置，采用110kV母线电压作为判别条件。C站未装设小电解列装置，地区电网中无小电。电网结构如图6-1所示，110kV C变主接线图如图6-2所示。

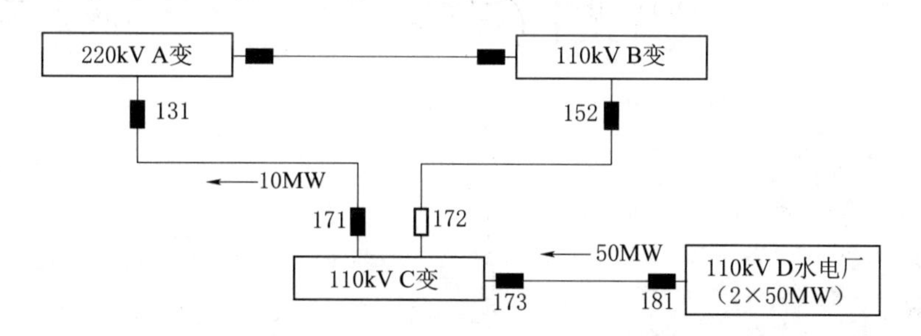

图6-1 某地区电网结构图

110kV C变装有一台变压器，型号为SFSZ11-50000/110，额定电压110±8×1.25%/38.5/10.5，#1主变挡位目前运行在110+4×1.25%挡。

1. 上午09：00，输电管理所叶××向地调当值调度员王××申请进行110kV BC线带电作业，要求退出线路重合闸，地调当值调度员王××与B站值班长马××联系操作，考虑到110kV BC线C站侧172断路器处热备用状态，因此地调决定不退出172断路器重合闸。09：26 B站回令退出110kV BC线152断路器重合闸后，当值调度员王××向输变电管理所叶××许可了带电作业工作。以下为联系对话，请找出其中存在的问题。（2分）

场景一：

01 叶××：你好，我是输电管理所一班班长叶××。

02 王××：你有什么事情？（漏报单位、姓名）

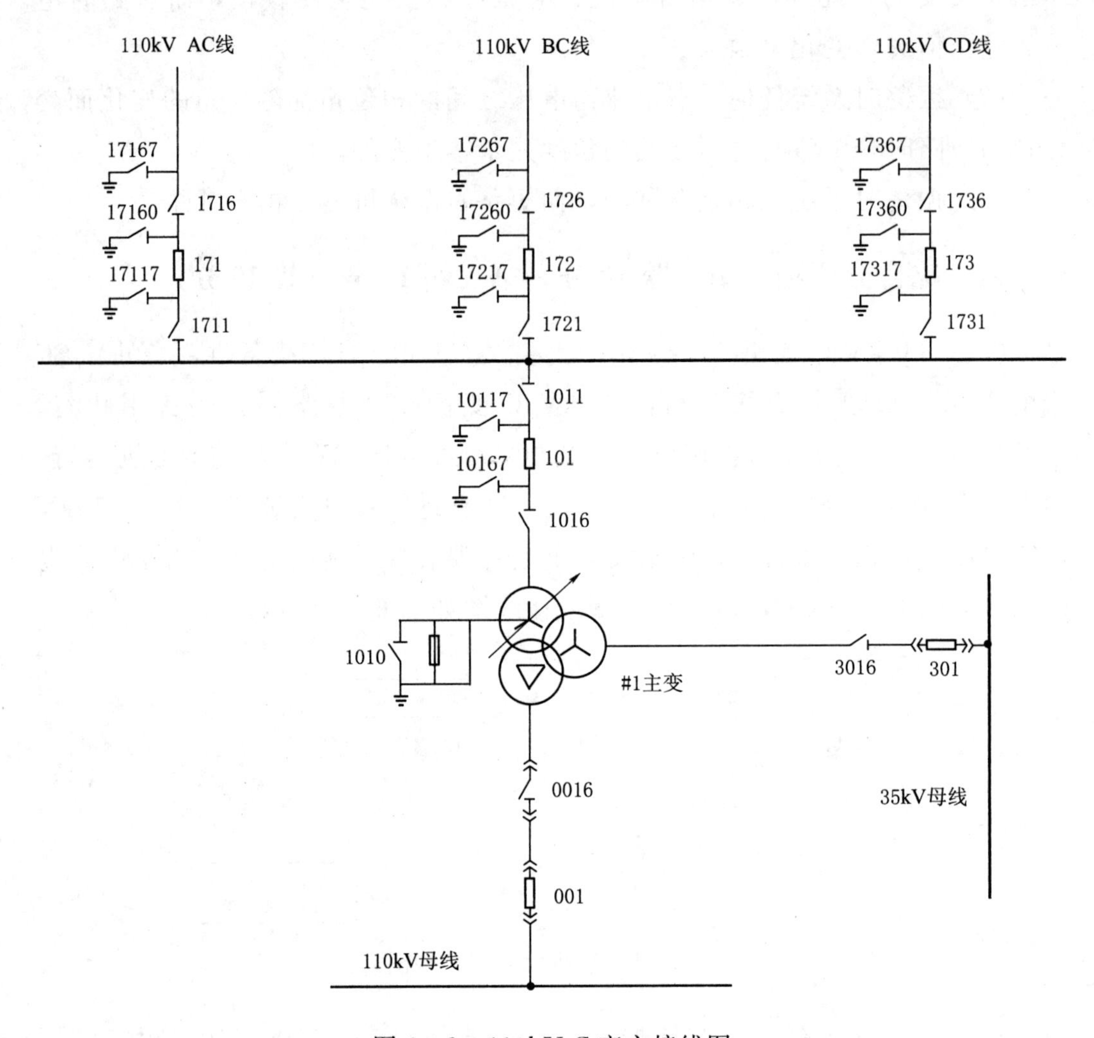

图 6-2 110kV C 变主接线图

03 叶××：我申请在 110kV BC 线上开展带电作业。

04 王××：工作内容是什么？

05 叶××：带电更换 110kV BC 线＃23 塔的自爆绝缘子。

06 王××：是否需要退出重合闸？

07 叶××：需要退出重合闸的。

08 王××：好的，我退出之后联系你。（未落实是否当天完工）

场景二：

09 王××：你好，我是××地调王××。

10 马××：你好，我是 220kV B 站值班长马××。

11 王××：现在要退出 110kV BC 线 152 断路器重合闸，现场是否可以操作？

12 马××：可以的。

13 王××：好的，那我现在正式下令："09:10 220kV B 站操作，退出 152 重合闸"。（未加电压等级和线路名称）

14 马××：好的，我现在马上操作，完成后回令。（未复诵）

（每个要点 0.5 分。）

2. 10：43 110kV C 变值班长汇报，10kV 母线电压偏低，目前仅有 10.2kV，站内低压并联电容器组已全部投入，申请调整主变挡位，请问将主变挡位调整至哪一挡，可以将 10kV 母线电压调整至 10.4kV 左右。（2 分）

参考答案：3 挡 10.3kV，2 挡 10.4kV，1 挡 10.6kV

3. 11：03 110kV AC 线跳闸，重合闸动作不成功。D 水电厂值长汇报：110kV 母线电压、频率均有波动。95598 汇报：有群众打进电话，告知一条输电线附近，有大型机械在伐木，倒下的树木压住了电线，目前正在想办法处理，请暂时不要送电。经向输管所落实，AC 线跳闸疑似由此引起，正派专业人员赶往现场。请分析故障处置思路。（6 分）

参考答案要点：

（1）因 AC 线有人在附近工作，因此不能送电，AC 线可根据现场要求转到相应状态。（1 分）

（2）因 D 水电厂开 1 台机，带 50MW 出力，地区电网负荷 40MW，同时 C 站 110kV 母线未失压，因此可以判断故障后独立网稳住运行，需要尽快安排独立网调频调压，需明确调频调压要求。（1 分）

（3）独立网稳定后通过 BC 线并入主网。（1 分）

（4）因 BC 线有带电作业，独立网通过 BC 线并入主网后，协调暂停带电作业，投入 B 站的重合闸。（1 分）

（5）调整 C 站 110kV 备自投装置。（1 分）

（6）信息汇报及后续安排考虑。（1 分）

（二）如图 6-3 所示，220kV 变电站及线路为省调管辖，110kV 变电站及线路为地调管辖，M、N 水电站为地调管辖，两个水电站出力均可带满。110kV E、F、G 站为单母线接线，110kV D 站为双母线接线（母联合），

110kV G 站由 110kV AG 线主供，110kV BG 线备供，未配置备自投。110kV F 站由 110kV DF 线主供，110kV CF 线备供，备自投装置投入。110kV 用户变所供负荷为重要负荷，不能中断供电也不能倒走。110kV 线路均配置纵联保护，110kV 及以上断路器均配有同期装置，110kV 线路热稳极限 100MW。

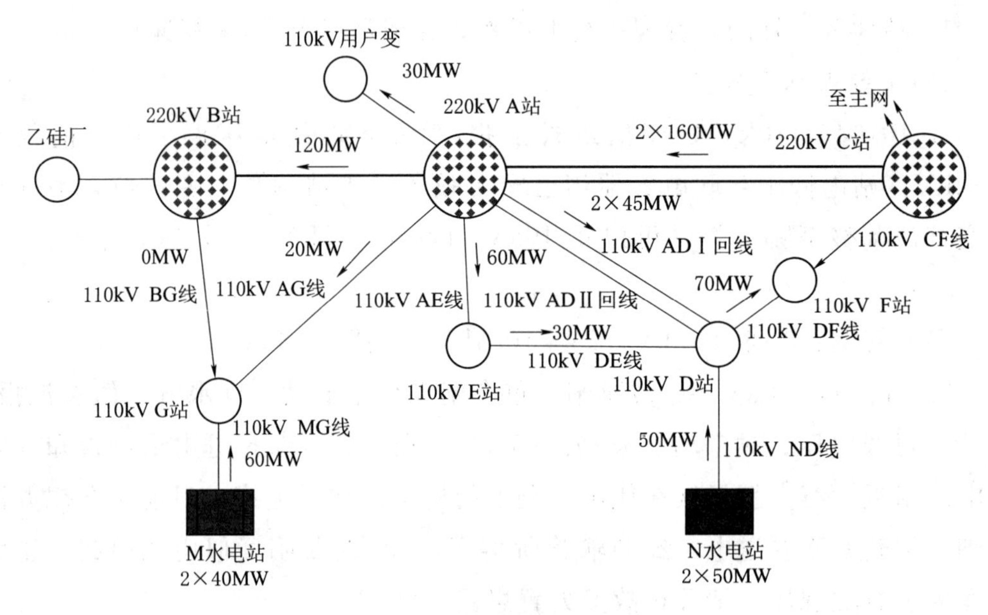

图 6－3　某地区电网结构图

220kV A 变电站 220kV 母线接线为双母线接线，220kV ＃1 主变中性点接地，每台主变容量为 180MVA。110kV 母线接线为双母单分段接线，因 110kV Ⅰ/Ⅱ母母线分段 121 断路器有计划工作停处检修，预计工作 5 天，如图 6－4 所示。

某日 10：50，220kV A 站人员巡检时发现有一农用塑料薄膜飞到 110kV ADⅠ回线 151 断路器与其 CT 之间的引流线，随后站内有断路器跳闸。10：52 M 水电站汇报频率在 48.4～50.3Hz 之间波动。

1. 试说明保护动作情况及故障后该地区电网结构。(5 分)

2. 简述调度故障处理的思路。(10 分)

参考答案要点：

第 1 题：

(1) 保护动作：220kV A 站 110kVⅢ母母差保护动作跳闸，D 站 110kV ADⅠ回线距离Ⅱ段动作跳闸。(2 分)

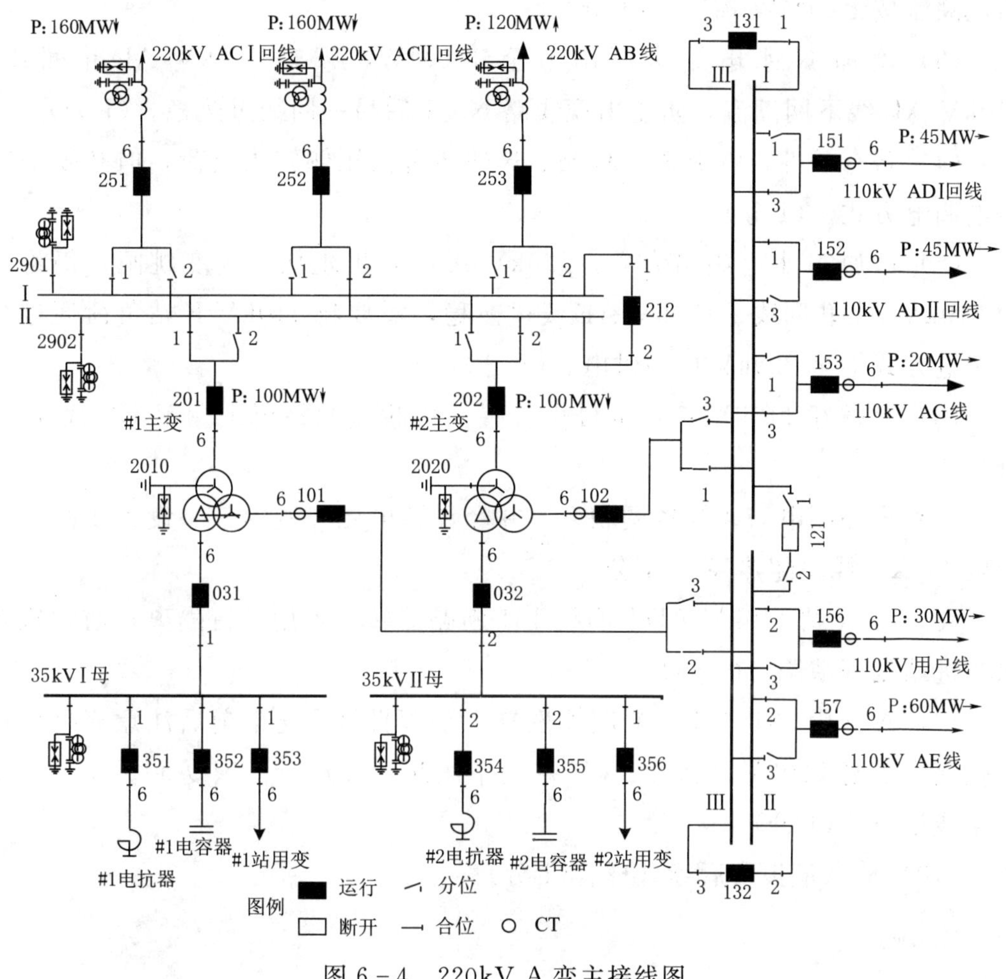

图 6-4　220kV A 变主接线图

（2）故障现象：

1）110kV G 站低频低压减载动作，110kV G 站与 M 水电站形成孤立网运行。（1 分）

2）220kV A 站 110kVⅢ母跳闸，220kV 两台主变中压侧分列，220kV #1 主变、AE 线上 110kVⅡ母，220kV #2 主变、110kV ADⅡ回线上 110kVⅠ母运行。形成 110kV AE 线、110kV ED 线、110kV ADⅠ回线电磁环网。110kV ADⅡ回线、110kV AE 线重载。（2 分）

第 2 题：

（1）指定 M 水电站作为独立网调频调压电厂，做好独立网调频调压工作，注意调频调压的原则。（1 分）

（2）独立网频率稳定后，通过 110kV BG 线断路器同期并入 220kV B

站，潮流按±20MW控制。（1分）

（3）增加N水电站全厂出力至100MW，减轻110kV ADⅡ回线、110kV AE线下网潮流，防止出现线路N－1后另一回线过热稳。（1分）

（4）若有条件，将E站、D站、F站通过低压侧转供负荷，但必须采用停电调电方式。（1分）

（5）增加N水电站出力后，220kV A站若出现任一主变跳闸，仍将导致110kV ADⅡ回线、110kV AE线过热稳，需要将110kV F站负荷通过合环调电方式倒至220kV C站供电。（1分）

（6）考虑好110kV F站备自投装置，将断点调整至110kV DF线。（1分）

（7）合环倒电需要与省调联系，并经计算电磁环网内任一设备跳闸不会导致110kV线路超热稳。（1分）

（8）将A站110kV ADⅠ回线151断路器转冷备用进行隔离，通知检修人员进站处理缺陷。（1分）

（9）A站用131或132断路器恢复110kVⅢ母，送电前后注意充电保护的投退。恢复220kV A站220kV主变中压侧合环运行。恢复110kV AG线充空线运行。（1分）

（10）信息汇报及后续处理。（1分）

参 考 文 献

［1］中国南方电网有限责任公司. 南方电网运行安全风险量化评估技术规范：Q/CSG 11104002—2012 [S].

［2］中国南方电网电力调度通信中心. 南方电网地县调调度员实用知识问答 [M]. 北京：中国电力出版社，2009.

［3］中国南方电网有限责任公司. 工作票实施规范：调度检修申请单部分：Q/CSG 1205004—2016 [S].

［4］云南电网有限责任公司. 云南电网调度管理规程（2017年版）：Q/CSG-YNPG 2120001—2018 [S].

［5］云南电网有限责任公司. 云南电网调度运行操作管理规定（2017年版）：Q/CSG-YNPG 2120002—2018 [S].

［6］云南电网有限责任公司. 云南电网调控一体化运行管理细则：Q/CSG-YNPG 2120005—2018 [S].

［7］廖威. 地区电网电力调控专业技术知识读本 [M]. 北京：中国水利水电出版社，2017.

［8］廖威，杨继党，甘家武，等. 地区电网电力调度控制工作指南 [M]. 北京：中国水利水电出版社，2018.

［9］廖威，甘家武. 地区电网系统运行风险控制手册 [M]. 北京：中国水利水电出版社，2018.

［10］国家电力调度控制中心. 电网设备监控人员实用手册 [M]. 北京：中国电力出版社，2014.